中国石油勘探与生产要览

2020

中国石油天然气集团有限公司　编

石油工业出版社

图书在版编目（CIP）数据

中国石油勘探与生产要览.2020/中国石油天然气集
团有限公司编. —北京：石油工业出版社，2022.4
ISBN 978-7-5183-5248-7

Ⅰ.①中⋯ Ⅱ.①中⋯ Ⅲ.①油气勘探–概况–中国
–2020 ②油田开发–概况–中国–2020
Ⅳ.①P618.130.8 ②TE34

中国版本图书馆CIP数据核字（2022）第033194号

中国石油勘探与生产要览2020

出版发行：石油工业出版社
　　　　　（北京安定门外安华里2区1号　100011）
　　　　网　　址：www.petropub.com
　　　　图书营销中心：（010）64523731
　　　　编 辑 部：（010）64523623　64523586
　　　　电子邮箱：gailan@cnpc.com.cn
经　　销：全国新华书店
印　　刷：北京中石油彩色印刷有限责任公司

2022年4月第1版　2022年4月第1次印刷
710×1000毫米　开本：1/16　印张：12.25　插页：4
字数：200千字

定价：35.00元
（如出现印装质量问题，请与图书营销中心联系）

编 辑 说 明

一、《中国石油勘探与生产要览》（以下简称《要览》）是《中国石油天然气集团有限公司年鉴》的主营业务简本之一，共五册。

本册《要览》记述中国石油天然气集团有限公司2020年油气勘探与生产业务主要发展情况，向广大读者展示中国石油天然气集团有限公司努力实现有质量、有效益、可持续发展，为建设世界一流综合性国际能源公司所做出的努力和取得的成就。

二、本册《要览》内容分为两个部分：总述和油气田企业概览。

三、本册《要览》所引用的数据和资料时间从2020年1月1日至2020年12月31日，个别内容略有延伸。除特别指明外，一般来源于中国石油天然气集团有限公司统计数据。

四、为行文简洁，《要览》中的机构名称一般在首次出现时用全称，随后出现时用简称。中国石油天然气集团有限公司简称为"集团公司"，中国石油天然气股份有限公司简称为"股份公司"，两者统称"中国石油"。

五、本册《要览》资料翔实、叙述简洁、数据准确，为石油员工以及广大读者了解中国石油天然气集团有限公司年度发展情况提供帮助。

六、希望读者多提供宝贵意见和建议，以便今后能更好地精选内容，为读者服务。我们的联系邮箱：gailan@cnpc.com.cn。

《中国石油天然气集团有限公司年鉴》编辑部

2021 年 10 月

　　2020 年，大庆油田有限责任公司油气产量当量 4303 万吨，产销量"十连增"。图为大庆油田推进环境治理民生工程，改善油田矿区环境采油现场（赵永安 摄）

　　2020 年 3 月 22 日，中国石油辽河油田公司开发建设 50 周年。50 年来，生产原油 4.8 亿吨、天然气 880 亿立方米，上缴利税费近 3000 亿元，建成我国最大的稠油高凝油生产基地。图为辽河油田滩海油井采油现场（黄振华 摄）

截至 2020 年 12 月 27 日 10 时，中国石油长庆油田公司年产油气当量突破 6000 万吨，达到 6000.08 万吨（金华 摄）

2020 年，中国石油塔里木油田公司生产石油液体 602.01 万吨、天然气 311.03 亿立方米，油气产量当量 3080 万吨，高质量建成 3000 万吨大油气田（塔里木油田公司 提供）

　　2020 年，中国石油新疆油田公司生产原油 1320 万吨、生产天然气 30 亿立方米。图为新疆油田风城油田作业区重 1 井区 SAGD 生产现场（高俊 摄）

　　2020 年 12 月 14 日 8 时，中国石油西南油气田公司年产天然气突破 300 亿立方米，标志着西南地区首个年产 300 亿立方米大气区正式建成（敬宇翔 摄）

　　2020 年 1 月 19 日，中国石油重点风险探井轮探 1 井获重大发现，经酸化压裂测试，折日产油 133.46 立方米、天然气 4.87 万立方米。这标志着塔里木盆地寒武系盐下超深层勘探取得重大成果，发现一个新层系——寒武系吾松格尔组，证实 8000 米以深可发育原生油藏和优质储盖组合，开辟了一个重要接替层系和崭新的勘探领域（塔里木油田公司 提供）

　　2020 年 3 月 4 日，陇东国家级页岩油示范区百万吨产能建设启动，中国石油长庆油田公司庆城 10 亿吨级大油田进入规模开发阶段（尹洁 摄）

2020 年 4 月 8 日，中国石油塔里木油田公司满深 1 井用 10 毫米油嘴测试求产，日产原油 624 立方米、天然气 37.1 万立方米，标志着塔里木盆地腹部超深层油气勘探获重大突破（塔里木油田公司 提供）

2020 年 10 月 20 日，中国石油风险探井临华 1X 井试油获自喷日产超 300 立方米高产油流，中国石油华北油田公司在河套盆地获重要突破（顾柯楠 摄）

　　2020年10月23日，中国石油辽河油田公司曙一区超稠油杜229块扩大部署试验方案，将原有20个蒸汽驱井组扩大至128个进行工业化生产，为国内首次对超稠油油藏大规模实施蒸汽驱开发（倪有权　摄）

　　截至2020年11月20日，中国石油川南页岩气当年产量100.29亿立方米，建成国内最大页岩气田（颜铭　摄）

2020 年，中国石油集团长城钻探工程有限公司利用物联网技术，实现生产计量自动化、仪器仪表数字化、监控管理信息化，使采油站成为无人值守的"智能化小站"。图为利用物联网技术的欢喜岭采油厂抽油机生产现场（陈申 摄）

2020 年 3 月 25 日，中国石油集团川庆钻探工程有限公司川庆 80002 队承钻的一类风险探井双探 6 井钻达 8200 米井深完钻，创造中国石油在川渝地区大斜度井完钻井深最深、固井套管最长、水泥浆窗口密度最窄等多项提速新纪录（陈帅飞 摄）

目 录

第一部分 总 述

第二部分　油气田企业概览

第一部分

总　　述

综　述

【概述】　中国石油国内油气勘探与生产业务、新能源业务、储气库业务及国内勘探开发合资合作业务由中国石油天然气股份有限公司勘探与生产分公司（简称勘探与生产分公司，也称勘探与生产板块，1999 年 12 月组建成立）统筹负责。截至 2020 年底，勘探与生产分公司归口管理大庆油田有限责任公司、辽河油田分公司、长庆油田分公司、塔里木油田分公司、新疆油田分公司、西南油气田分公司、吉林油田分公司、大港油田分公司、青海油田分公司、华北油田分公司、吐哈油田分公司、冀东油田分公司、玉门油田分公司、浙江油田分公司、中石油煤层气有限责任公司、南方石油勘探开发有限责任公司、对外合作经理部、储气库分公司等 18 个单位。

2020 年，国内油气勘探取得 41 项主要成果。新增石油探明地质储量 8.60 亿吨，连续 15 年超过 6 亿吨；新增天然气地质储量 6483 亿立方米（含煤层气 673 亿立方米），连续 14 年超过 4000 亿立方米；新增油气探明地质储量当量连续 14 年超过 10 亿吨。控制石油、天然气地质储量分别完成 7.80 亿吨、6061 亿立方米，预测石油、天然气地质储量分别完成 11.35 亿吨、9307 亿立方米。

全年生产原油 10225.33 万吨（包含液化气产量 109.56 万吨），生产天然气 1306.02 亿立方米。油气产量当量 20632 万吨，同比增加 989 万吨，历史上首次突破 2 亿吨大关。

（张　磊）

2020 年，销售收入 3708 亿元，税前利润 –86 亿元，净现金流 19 亿元。安全环保形势总体稳定，减排"四项指标"同比下降；节能节水均完成计划指标。2020 年减员 3.38 万人，超额完成年度员工总量 53.44 万人的控制目标。

【生产经营业绩】

1. 勘探开发工作量

2020 年，油气勘探二维地震 7431 千米、三维地震 15815 平方千米，钻井 1658 口，进尺 509.4 万米；原油开发钻井 8779 口，进尺 1507.1 万米；天然气开发二维地震 221 千米、三维地震 3605 平方千米，钻井 2193 口，进尺 689.7 米；完钻水平井 2503 口（以上数据均不含对外合作），见表 1–1。

表1-1　2020年勘探开发工作量

项　目		2020年	2019年	同比增减
勘探	二维地震（千米）	7652	11489	-3837
	三维地震（平方千米）	19420	17635	1785
	钻井（口）	1658	1405	253
	进尺（万米）	509.4	447.8	61.6
开发	原油　钻井（口）	8779	12790	-4011
	原油　进尺（万米）	1507.1	2350.0	-842.9
	天然气　钻井（口）	2193	3543	-1350
	天然气　进尺（万米）	689.7	1110.0	-420.3
	完钻水平井（口）	2503	2415	88

注：（1）表中均为自营区数据；（2）勘探地震中含天然气前期评价工作量。

2. 油气储量

2020年，新增探明石油地质储量8.60亿吨、天然气地质储量6483亿立方米，SEC口径油气储量当量接替率0.66（70美元/桶）。

3. 油气产量

2020年，生产原油10225.33万吨，同比增加48.42万吨，增长0.48%。其中，自营区产油9500.62万吨，合作区产油724.71万吨。生产天然气1306.02亿立方米，同比增加118.05亿立方米，增长9.94%，再创历史新高。

【勘探开发成果】

1. 油气勘探取得4项重大战略突破

2020年，持续强化风险勘探，突出海相碳酸盐岩、深层超深层、陆相页岩油、前陆、火山岩、新区等领域和方向，推进风险勘探领域区带目标准备和现场管理，取得四川盆地川中古隆起北斜坡震旦系—寒武系、塔里木盆地塔北超深层寒武系—奥陶系、准噶尔盆地阜康凹陷斜坡区岩性油藏和松辽盆地北部古龙页岩油等4项重大战略突破。

推进集中勘探，突出"五油三气"六大盆地，强化重点地区、重点领域、富油气凹陷（区带）甩开预探、集中勘探、精细勘探与高效评价，取得11项重要发现，发现或落实9个亿吨级、9个千亿立方米规模储量区。

页岩气在川南地区泸州、长宁、威远、昭通等地区初步落实10万亿立方米增储区，具备加快发展的资源条件；页岩油在鄂尔多斯、松辽、准噶尔、渤海湾等盆地展现巨大勘探前景，非常规油气地质理论和勘探技术取得长足进步。

2. 油气产量当量迈上 2 亿吨新台阶

2020 年，油气产量当量 20632 万吨，历史上首次突破 2 亿吨。大庆油田生产原油 3001 万吨，连续第 6 年 3000 万吨稳产；长庆油田油气产量当量 6041 万吨，接近股份公司总产量的三分之一，迈上新高峰，建成中国首个 6000 万吨级特大型油气田；塔里木油田高质量建成 3000 万吨大油气田，西南油气田建成 300 亿立方米战略大气区和国内首个百亿立方米页岩气田，新疆油田生产原油 1320 万吨。

3. 油气当量产能新建 3700 万吨

2020 年，紧紧抓住"技术进步提单产、管理创新提效率"两条主线，进一步强化"源头控制、技术进步、模式优选、示范引领、效率提升"，推进"三个一批"，全年新建油气当量产能 3700 万吨。推广大井丛平台式集约化建产模式，部署实施 1592 个丛式井平台，完钻新井 7481 口（其中 6 口井以上中大型平台井数占比 44%），节约土地 2.7 万亩（1 亩 ≈ 666.6 平方米），节省征地、道路等工程投资 7.2 亿元。持续扩大水平井应用规模，页岩油气全部采用水平井开发，全年完钻水平井 2422 口，投产 1795 口，新建产能 1912 万吨油当量，占油气总产能的 50.5%，同比提高 10.4 个百分点。全面推进地面建设标准化设计与施工，全年完成 2.36 万口井、1126 座站场、3.11 万千米管道标准化建设，规模应用一体化集成装置 1536 套，替代中小型站场 1000 座，设计工期和建设工期分别缩短 30% 和 20%。狠抓油气田数字化转型智能化发展，全年建成数字化井 2.78 万口、站场 2704 座，井、站数字化覆盖率分别为 61% 和 72%。持续推进储气库建设，10 座在役库开展扩容达产工程，12 座新建储气库中 2 座投产运行、6 座加紧建设、4 座开展先导试验；截至 2020 年底，形成调峰能力 124 亿立方米，高峰采气能力 1.33 亿米³/日。

4. 老油气田稳产基础持续夯实

2020 年，深入贯彻集团公司油气田提高采收率工作推进会议精神，紧紧抓住"控制递减率"和"提高采收率"两条主线，持续夯实油气田稳产基础。持续深化精细油藏描述，完成开发单元 111 个，覆盖地质储量 15 亿吨，增加可采储量 3187 万吨，提高采收率 2.1 个百分点；精细气藏描述新增动用地质储量 665 亿立方米。强化精细注水专项治理，主干工作量完成 2.64 万井次，注水井分注率、分注合格率和水质合格率分别为 63.5%、80.5% 和 91.5%。持续加大长停井治理恢复力度，治理油井 4374 口、水井 918 口，年增油 81 万吨、恢复注水 715 万立方米，油井、水井开井率同比分别提高 0.8 个百分点和 0.2 个百分点。加强油藏分类管理和分级治理，治理"三双"区块348个，覆盖地质储量149亿吨，"双高"区块减少2个，自然递减率、综合递减率和含水上升速度同比分别下降1.6个百分点、0.4个百分点和0.1个百分点；"双低"区块同比减少11个，采油速度提高0.02个百分点，平均单井日产量提高0.1吨。开展气井生产大调查，组织专项动态分析，制定合理技术政策，改善气田开发效果。持续推进稠油热采、化学驱油、气驱油、特低渗透/超低渗透油藏提高采收率重大开发试验，启动天然气重力混相驱油与战略储气库协同试验，2020年试验项目年产油170.4万吨，平均单井日产油2.1吨，工业化推广项目产油1752.8万吨，为稠油、化学驱油两个千万吨稳产和股份公司原油产量1亿吨以上稳中有升做出重要贡献。

2020年，原油自然递减率9.5%、综合递减率4.3%，同比分别下降0.53个百分点和0.04个百分点；天然气自然递减率19.0%、综合递减率12.9%，得到较好控制。

5. 提质增效专项行动取得阶段成果

持续推进高效勘探、高效评价，2020年探井成功率同比提高5个百分点，勘探费用同比减少18亿元、下降9.1%；加强效益评价和排队优选，优化方案节约投资345.2亿元，其中优化部署、控制深井、复杂井减少226亿元，优化地面建设工程量和设计减少29.1亿元，优化钻井试油设计、优化生产组织减少25.5亿元；降低建设成本节约投资76.9亿元，其中工程服务价格减少57.3亿元（其中长庆油田25.6亿元）、材料价格减少15.6亿元、缩短钻完井周期减少费用2.2亿元、甲方服务费减少1.3亿元；严格落实规模效益建产，实施工程总承包、扩大市场化规模和范围等措施，节约投资40.9亿元；突出精益管理，在油气产量当量增加5628万桶（1桶=158.98升）、开井数增加1.2万口情况下，全年运行成本总额同口径同比减少28亿元、下降近5%，单位运行成本降低0.65美元/桶、下降9%；强化SEC储量中期评估，深挖评估潜力，增加PD储量石油1565万吨、天然气1078亿立方米，避免下半年折耗增加96亿元；拓展地热等新能源业务，2020年底，地热供暖面积705万平方米，节约标准煤16.4万吨；推广国产软件，完成GeoEast软件推广应用"177"目标，节约软件引进投资3亿元。推进亏损企业治理，2020年全级次子企业32户亏损、亏损面18%，同比亏损户数减少19户、亏损面下降11个百分点；纳入集团公司开源节流降本增效工程三年减亏目标的65户企业，3户完成出清注销，本年39户扭亏为盈、扭亏率65%、盈利22.96亿元。

6. 技术保障能力不断提高

2020 年，地震勘探强化双复杂区构造成像、复杂岩性精细描述、非常规储层"甜点"预测的技术攻关，成像和储层预测精度明显提高，玛湖地区储层钻遇率从 53.3% 提升到 100%。钻井强化深层复杂油气藏和低渗透—特低渗透砂岩油气藏超深井、水平井钻井技术攻关，库车山前带钻井周期从平均钻井 387 天下降至 300 天左右，高石梯—磨西地区震旦系水平井钻井周期由 301 天缩短至 175 天（水平段长由 331 米增至 1610 米），长庆华 H60 实现 5.5 亩小井场实施 22 口水平井的重大突破。测井强化复杂、低饱和度油气藏测井评价技术，解释符合率大幅提高，库车深层裂缝性砂岩解释符合率由"十二五"末的 84% 提高至 93%。压裂强化深层、致密油气和页岩油气压裂攻关，工艺技术由 1.0 向 2.0 升级迈进，实施效果明显，川中沙溪庙组水平井压裂后测试产量由平均 5 万米^3/日提高到 42 万米^3/日，鄂尔多斯神木地区应用直井桥塞分层体积压裂工艺单井日产量提高 3—4 倍。第四代分层注水技术基本成熟，应用规模不断扩大，全年应用井数超过 1300 口，分注合格率保持在 90% 以上，实现分注井自动测调、智能分注及地质工程一体化远程控制，提高精细分注效果。

7. 深化改革取得阶段进展

2020 年，坚持"业务主导、企业主体"原则，以"油公司"模式改革为牵引，持续深化改革。优化调整业务结构，围绕集团公司"兴企方略"和"治企准则"，组织批复 15 家油气田企业归核化发展方案和实施路线图；创新优化生产组织模式，培育油气作业区管理的"小岗村"，组织制定《新型采油气管理区作业区建设管理大纲》，推进新型油气田管理区和作业区建设；优化盘活人力资源，组织制定《推进油气田企业用工方式转型指导意见》，在油气田企业中全面推行主营业务领域"管理＋技术＋核心技能岗位"直接用工；持续精简组织机构，严格控制用工总量，2020 年减员 3.38 万人，超额完成年度员工总量 53.44 万人的控制目标，16 家油气田企业压减二三级机构 1839 个，压减比例 11.78%（远超全年压减 5% 以上的工作目标）；"三供一业"分离移交、"僵尸企业"处置、特困企业治理、未上市托管业务扭亏解困、退休人员社会化管理和厂办大集体等专项改革工作协同推进。矿权储量内部流转改革加快推进，编制完成《中国石油天然气股份有限公司未开发储量效益动用指导意见（试行稿）》和《未开发储量效益动用专项行动方案》。对标管理建立 4 类 10 项指标体系，明确方法流程，定期发布对标结果。

8. 安全环保形势持续稳定

2020 年，全面贯彻习近平总书记关于安全发展重要批示和生态文明思想。

全员责任意识进一步增强，安全环保基础进一步巩固，重点领域风险总体受控。QHSE体系建设更加完善。全要素量化审核、专项审核和指导审核相结合，累计发现问题近3万个，对审核发现的问题进行挂牌督办、限期整改，对其中230个严重问题进行问责，问责率100%，QHSE制度标准体系日臻完善；领导干部QHSE履职能力评估率92%、基层QHSE标准化建设达标率98.5%；隐患排查与治理实现常态化，全年投入隐患治理资金23.2亿元，未发生较大以上安全生产责任事故；严守井控安全红线，认真吸取博孜3-1X井井喷教训，下发《关于修订完善高风险地区钻井井控细则的通知》。绿色矿山建设见到成效。74个采矿权通过所在省2020年度绿色矿山遴选（其中28家生产单位53个采矿权进入国家遴选名单），全面完成前两轮中央环保督察发现问题整改，推广应用钻井液不落地及资源化利用技术1.2万余井次、减少占地1.5万余亩、减少钻井废弃物720余万吨，应用清洁作业12万余井次、少产生含油污泥24万吨、节省沾油塑料布5.5万吨、节约废弃物处置费用6.7亿元，全年回收利用伴生气15亿立方米；COD、氨氮、二氧化硫、氮氧化物4项污染物排放总量同比下降2%，节能37万吨标准煤、节水440万立方米，全面完成集团公司下达的污染减排和节能指标任务。新冠肺炎疫情防控实现零疫情。各油气田企业严格落实集团公司部署安排，快速响应、闻令而动，统筹推进新冠肺炎疫情防控、复工复产和生产经营，打破常规，强化口罩等应急物资保障，大庆油田2个月建成5条口罩自动生产线，形成日产30万只能力，全年生产口罩3680万只。通过严格落实各项防控措施，全年实现零疫情。

9."十四五"发展规划编制初步完成

按照国务院国资委、集团公司"十四五"规划编制总体要求和工作安排，2019年6月启动国内勘探与生产业务"十四五"发展规划编制工作，认真贯彻落实新发展理念、形成新发展格局、推动高质量发展要求，准确研判把握发展大势，开展多项勘探开发业务战略性关键问题研究，组织各油田全面分析2000—2019年油气勘探开发业务投资效益，系统总结"十三五"规划执行情况，专题开展2017—2019年钻井工程成本分析，量化评估加快发展"七年行动方案"两年实施效果及低油价下投资优化调整相关问题分析，开展多轮次调研、论证与对接，结合集团公司党组最新要求，统筹保障国家能源安全和高质量发展，在上下结合和广泛征求意见基础上，初步完成国内勘探与生产业务1个专业规划、17个专题规划、16个企业规划的编制工作，组织会议开展专家咨询论证，并向集团公司党组汇报勘探与生产业务"十四五"规划方案。

（范文科 向书政）

油 气 勘 探

【概述】 2020 年，股份公司分层次设置油气预探项目（石油预探项目 29 个、天然气勘探项目 17 个、内部流转勘探项目 7 个、综合勘探项目 2 个）和风险勘探项目，其中重点勘探项目 17 个。油气勘探系统认真贯彻落实集团公司党组总体部署和要求，积极应对新冠肺炎疫情暴发和国际油价断崖式暴跌的严峻挑战，一手抓新冠肺炎疫情防控、一手抓复工复产，勘探工作迎难而上，勘探成果逆势而发，取得 41 项主要成果。

油气勘探立足"五油三气"大盆地，坚持"深化东部、加大中西部、油气并举、常非并重"的战略布局，优化投资结构，突出高效勘探与提质增效，突出重大领域集中勘探，加大风险勘探与甩开预探力度，加大天然气勘探力度，推进页岩油勘探，推进矿权流转区勘探，强化综合地质研究和工程技术攻关，强化勘探管理，努力寻找油气新发现新突破，落实可升级可动用规模储量。突出重点区带和重点预探项目，石油预探突出鄂尔多斯盆地长 7 页岩油、镇北、环江、姬塬、合水，准噶尔盆地环玛湖、准南缘、车排子凸起、北环带二叠系、吉木萨尔页岩油，塔里木塔盆地北—塔中，松辽盆地以及渤海湾盆地精细勘探、页岩油勘探等五大盆地 13 个重点区带；天然气勘探突出四川盆地川西火山岩、震旦系—下古生界、三叠系—侏罗系致密气、栖霞组—茅口组，鄂尔多斯盆地古隆起东侧下古生界、天环、神木、陇东地区上古生界致密气，塔里木盆地博孜—大北、秋里塔格构造带等三大盆地 10 大重点区带。

【勘探任务完成情况】 2020 年，二维地震 7659 千米，三维地震 13410 平方千米，探井 840 口、进尺 288.66 万米，试油交井 659 口，新获工业油气流井 402 口，综合探井成功率 48%。新增探明石油地质储量 87252.96 万吨（含凝析油 1216.56 万吨）、技术可采储量 13090.05 万吨（含凝析油 421.42 万吨），新增探明天然气地质储量（含煤层气）6483.40 亿立方米、技术可采储量 3312.69 亿立方米。

【渤海湾盆地主要勘探成果】 辽河坳陷东部凹陷驾探 1 井取得新发现。东部凹陷南部深层火山岩体勘探认识程度低、勘探潜力大。在优选桃园—大平房深层火山岩体基础上，部署实施风险探井驾探 1 井，该井压裂测试在沙河街组三段获日产气 32.5 万立方米，初步展示千亿立方米天然气藏勘探前景，开辟东部凹陷深层火山岩勘探新领域。

辽河西部大民屯凹陷沙四段页岩油勘探取得新发现。大民屯凹陷沙四段发育一套碳酸盐岩和油页岩沉积体。近年来，通过强化页岩油地质"甜点"评价和工程"甜点"预测技术攻关以及水平井提产探索，部署实施的风险探井沈页1井对水平段 3290—5065 米进行细分切割体积压裂改造，4 毫米油嘴获日产油 12 吨、气 1178 立方米，实现大民屯凹陷页岩油勘探的突破，开辟新的勘探领域，初步落实有利面积 220 平方千米，初步估算资源量 2.36 亿吨。

大港歧口凹陷沙三段页岩油勘探获得重要发现。通过整体、系统开展歧口凹陷页岩油基础地质研究，在沙三上段精确识别 6 个"甜点"段，优选歧北斜坡为勘探突破区，老井试油与新井钻探相结合，5 口井获工业油流（2 口老井），其中歧页 10-1-1 井在沙三段测试 5 毫米油嘴获日产油 115.2 立方米，初步落实储量规模 4205 万吨，开辟大港探区继沧东凹陷后又一新的页岩油勘探新领域。歧口凹陷歧北沙三段页岩油富集区面积 220 平方千米，估算资源量 4.1 亿吨。

华北饶阳凹陷蠡县斜坡区精细勘探取得重要成果。以寻找优质高效可动用储量为目标，加强蠡县斜坡中南部斜坡区岩性油气藏精细研究，整体部署、集中预探，宁 92X 井等 13 口井均获工业油流，其中宁 521X 井在沙一下段获日产油 85.51 立方米，新增预测石油地质储量 5344 万吨，实现富油洼槽周缘低勘探程度区勘探新突破，该区通过勘探评价建产有序衔接，实现资源快速转化，蠡县斜坡外带新钻探井累计产油 10 万吨，是规模效益增储的现实区带，对老区新带勘探具有重要的带动作用。

冀东南堡凹陷和辽中凹陷油气勘探取得新成果。加强南堡凹陷东营组三段—沙三段火山岩类勘探目标整体评价和精细刻画，部署的南堡 2-27 井在东三段获日产油 27.17 立方米、气 2.6 万立方米，南堡凹陷深层火山岩新领域有望形成千万吨级规模增储区。加强辽中凹陷走滑断裂研究及成藏模式研究，部署东升 402 井在东营组钻遇油层 68.6 米，对东三段试油，获日产油 208.8 立方米、气 10114 立方米，展现秦皇岛探区洼槽区构造岩性油气藏的勘探潜力。

【松辽盆地主要勘探成果】 松辽盆地北部古龙页岩油勘探取得重大突破。近年来持续深化青山口组一段页岩油"甜点"评价优选，针对纯页岩型和夹层型两种类型页岩油，加大风险勘探和甩开勘探力度，探索页岩油规模压裂提产工艺，部署实施的古页油平 1 井压裂测试，7 毫米油嘴获日产油 38.1 立方米、气 13165 立方米。英页 1H 井压裂测试，5 毫米油嘴获日产油 36.1 立方米、气 4416 立方米。这两口井转采并保持日产油 18 立方米以上稳产，实现松辽盆地陆相页岩油重大突破，展现巨大的勘探潜力，有望成为大庆百年油田建设重要战略资源。

松辽盆地南部长岭断陷致密气勘探取得重要发现。长岭断陷是松辽盆地最大的断陷湖盆，面积 1.3 万平方千米，估算资源量 1 万亿立方米。2020 年，突出长岭富油气凹陷，加强洼槽烃源岩研究、有利相带预测与油气富集模式构建，加快天然气源内勘探节奏，部署上钻的重点预探井长深 40 井在沙二段测试，6 毫米油嘴获日产气 11.3 万立方米，实现长深气田后松南深层天然气勘探又一战略突破，开辟松辽盆地深层天然气勘探新领域。

松辽盆地北部中浅层精细勘探取得重要成果。进一步深化地质认识和砂体精细刻画，强化中浅层常规油精细勘探，突出致密油勘探开发一体化，27 口井获工业油气流。其中，升斜 5805 井、肇平 23 井在葡萄花、扶余油层分别获日产油 54.0 吨、50.06 吨，在龙虎泡、齐家等地区新增探明石油地质储量 5249 万吨，徐家围子、敖包塔、永乐、卫星等地区落实储量规模 6000 万吨以上，为大庆油田老区稳产和效益建产奠定资源基础。

松辽盆地南部乾安地区致密油勘探取得新成果。2020 年，按照整体部署、直井控面、水平井提产的思路，强化分层系"甜点"精细刻画和水平井体积压裂提产工艺攻关，在乾安地区乾 206-3 井区、让 65 井区部署实施直井 44 口、水平井 17 口，水平井平均单井获日产油 9.0 吨，新增探明石油地质储量 3231 万吨，2020 年生产原油 26.6 万吨，新建产能 44 万吨。截至 2020 年底，该区累计探明石油地质储量 11763 万吨。

【鄂尔多斯盆地主要勘探成果】 华庆地区石油勘探取得重要成果。为落实整装储量规模，持续加大长 6、长 8 油层勘探力度，不断扩大油藏面积，精细开展湖盆中部长 6、长 8 油层沉积相带分析及高渗储层分布规律研究，探索压裂提产攻关试验，新获工业油流井 14 口，其中 7 口井日产油大于 20 吨，新增探明石油地质储量 5646 万吨，落实储量规模 3 亿吨以上，实现储量规模升级动用，为长庆油田持续稳产夯实资源基础。

陇东地区上古生界天然气勘探取得重要成果。加强三维地震技术应用，深化盆地南部上古生界沉积体系和砂体精细刻画以及成藏条件研究，强化致密砂岩气层识别评价和深层薄储层改造提产工艺攻关，新获工业气流井 3 口，在下石盒子组盒 8 段、山西组山 1 段发现多个有利含气砂带，新增含气面积 4444.1 平方千米，落实储量规模 2500 亿立方米以上，形成陇东地区"油气并重、同步发展"新格局，为打造陇东千万吨油气生产基地奠定资源基础。

陕北周家湾地区甩开预探石油勘探取得重要成果。甩开陕北石油预探，转变勘探方式，加强致密油藏规模有效动用攻关，对陕北长 8 油层开展直井 + 水平井提产工艺联合攻关，新获工业油流井 19 口，谷 54 井最高日产油 22.7 吨。部署 4 口水平井，丹 79H1 井、丹 79H2 井、顺 165H2 井压裂测试分获日产油 56.1 吨、66.3 吨、22.4 吨。新增含油面积 1098.9 平方千米，落实储量规模 3 亿吨以上，为老区持续稳产夯实资源基础。

天环坳陷油气勘探取得重要成果。持续推进天环坳陷整体研究，加大西部探矿权区部署力度，深化天环坳陷烃源岩评价，强化盆地西缘断裂疏导体系与成藏主控因素研究，石油勘探按照"拓宽新区带，突破新领域"的思路，向北、向西甩开勘探，部署的郭 22 井、于 3 井等多口井在侏罗系及长 8、长 6 等油层获工业油流，新增探明石油地质储量 9339.65 万吨；天然气勘探按照"常非并举"的勘探思路，探索新区带新层系，在盒 8 段、山 1 段新增探明天然气地质储量 2252.7 亿立方米；李 56 井探索石炭系羊虎沟组源内致密气首获日产气 11.75 万立方米，该井是盆地西部羊虎沟组第一口突破井，预测有利勘探面积 7000 平方千米，进一步坚定天环坳陷新区勘探信心。

盆地长 3 油层和侏罗系浅层效益勘探取得重要进展。浅层油藏埋藏浅、物性好、产量高，但油藏规模小、隐蔽性强，发现难度大。2020 年，突出成藏富集区立体勘探，井震结合精细刻画前侏罗纪古地貌及构造圈闭，深化油藏主控因素研究，推进勘探开发一体化，快速实现增储上产，发现高效目标 138 个，获工业油流井 181 口，落实效益储量 1 亿吨以上，建产能 124 万吨。

苏里格地区天然气勘探取得重要进展。苏里格西部面积 8000 平方千米，已探明 2264 亿立方米、基本探明 5794 亿立方米，主要目的层为石盒子组盒 8 油层、山西组山 1 段，但该区埋深较大（3400—3800 米），气水关系相对复杂。2020 年以控水增气、提高单井产量为目标，坚持勘探开发一体化思路，提交探明储量，部署探井 2 口，新获工业气流井 1 口，累计获工业气流井 24 口，在苏 40 区块新增探明天然气地质储量 934 亿立方米。

大宁—吉县区块深层煤层气勘探取得重要成果。针对大宁—吉县区块埋深大于 2000 米的深部煤层，加强地质评价和工程试验及采气工艺攻关，优选 13 口井实施体积酸化压裂试验，均获工业气流。直井平均日产气超过 0.3 万立方米，水平井投产 3 个月平均日产气超过 1 万立方米，整体呈现"解吸压力高、上产速度快、生产潜力大"的特点，证实深层煤层气的工业开发价值，发现高品质的深层煤层气资源，新增探明煤层气地质储量 762 亿立方米，为国内首个埋藏超过 2000 米的煤层气探明储量区，标志着我国深层煤层气勘探取得重要突破。

玉门环庆区块石油勘探取得重要成果。深化侏罗系、三叠系成藏和富集规律研究，大力实施勘探开发一体化，新获工业油流井 16 口，其中环庆 32 井、环庆 16 井、环庆 656 井在延安组 10 段、富县组分别获日产油 50 吨、18 吨、35 吨，环庆区块在侏罗系、长 8 段新增探明石油地质储量 1304 万吨，落实规模储量及建产区块，对玉门油田原油稳产上产具有重要意义。

【四川盆地主要勘探成果】 川中古隆起北斜坡震旦系—寒武系天然气勘探取得重大突破。通过强化基础研究和深化地质认识，创新古隆起北斜坡岩性气藏成藏模式，部署钻探的风险探井蓬探 1 井在灯影组二段酸化压裂测试获日产气 122 万立方米，落实天然气储量规模 1000 亿立方米；角探 1 井在沧浪铺组射孔酸化测试，获日产气 51.6 万立方米以上，落实天然气储量规模 1400 亿立方米以上，角探 1 井是四川盆地沧浪铺组首口发现井并获高产气流，标志着又一新层系新领域取得战略突破，古隆起北斜坡有望形成新的万亿立方米优质规模储量区。

川西南栖霞组—茅口组天然气勘探取得重要发现。通过开展地震连片处理解释攻关，加强川西南栖霞组台缘带、茅口组岩溶储层精细刻画及成藏条件研究，甩开部署的预探井平探 1 井、云锦 2 井分别在栖霞组和茅口组获重要发现。平探 1 井在栖霞组测试获日产气 66.86 万立方米，是龙门山山前构造带南段栖霞组首口获高产气流井，初步估算有利相带面积 6800 平方千米；云锦 2 井在茅二段获日产气 58.8 万立方米，拓展茅口组向斜区勘探新领域。川西南栖霞组、茅口组有望成为下步规模增储接替新区带。

高石梯—磨溪地区震旦系台内礁滩体天然气勘探取得重要成果。通过持续加强台内相对薄储层精细刻画和水平井及大斜度井提产工艺技术攻关，高石 18 井区、龙女寺地区灯影组四段 5 口井均获高产气流，新增探明天然气地质储量 1115 亿立方米；高石 131X 井灯二段测试获日产气 70.96 万立方米，高石 1 井区、磨溪 8 井区灯二段新增探明天然气地质储量 902 亿立方米，为高石梯—磨溪地区台内斜坡区灯四段、灯二段规模储量落实、规模建产进一步夯实资源基础。

川中沙溪庙组、须家河组致密气勘探取得重要进展。盆地沙溪庙组、须家河组河道砂体广泛发育，川中—川西地区发育侏罗系、须家河组多套烃源岩，成藏条件优越。2020 年，针对金华—秋林地区沙溪庙组河道砂组，坚持勘探开发一体化部署，钻探实施探评井 23 口，12 口获工业气流。其中：金浅 5H 井、金浅 3 井分获日产气 66.7 万立方米、42.5 万立方米；开发评价井平均日产气 46.2 万立方米，较 2019 年提高 4.1 倍。秋林 16 井区新增探明天然气地质储量

76 亿立方米，金浅 2 井区落实储量规模 177 亿立方米，沙溪庙组 6 号、7 号、8 号砂体估算资源量 4000 亿立方米，是效益增储上产现实领域。风险探井三台 1 井在须三段测试获日产气 22.82 万立方米，估算资源量 150 亿立方米。

大庆合川—潼南区块天然气勘探取得重要成果。2020 年，以栖霞组—茅口组为重点，持续强化基础研究，坚持多层系立体勘探，部署钻探的重点预探井合深 4 井在栖霞组和茅口组分获日产气 45.6 万立方米和 113.4 万立方米，合深 2 井在栖霞组获日产气 51.63 万立方米，合深 3 井、合平 1 井等多井在多层系见良好显示，进一步坚定下二叠统多层系立体勘探的信心，为大庆油田川渝流转区块增储上产奠定资源基础。

【准噶尔盆地主要勘探成果】 准噶尔盆地阜康凹陷风险探井康探 1 井获重大突破。近年来加强盆地上二叠统整体研究，在沙湾、东道海子凹陷相继突破，通过进一步深化阜康凹陷东斜坡成藏认识，由围凹源边勘探转向下凹源内勘探，部署上钻的风险探井康探 1 井在芦草沟组、上乌尔禾组连获高产，二叠系上乌尔禾组二段压裂测试，6 毫米油嘴获日产油 133.4 立方米、气 6000 立方米；上乌尔禾组一段压裂测试，4 毫米油嘴获日产油 158 立方米、气 1.12 万立方米；芦草沟组压裂测试，6 毫米油嘴获日产油 24.1 立方米、气 1.44 万立方米。阜康凹陷斜坡区深层发现厚砂砾岩储层，创新低位扇成藏新模式，打开准东东环带油气勘探新局面，展现出巨大的勘探潜力。

准南缘中段下组合天然气勘探获重大突破。继准南缘西段的高探 1 井获突破后，按照"风险与预探相结合，探明西段，突破中段，加快东段"的思路，在南缘中段部署实施的风险探井呼探 1 井在白垩系清水河组试油，8 毫米油嘴获日产气 61.9 万立方米、油 106.32 立方米。该井是南缘下组合大构造首口天然气突破井，展现南缘东段天然气巨大勘探潜力，对加快推进南缘大型天然气勘探，实现新疆油田由"大油田"向"大油气田"转变，全面提升整体效益意义重大。

吉木萨尔凹陷页岩油勘探取得重要成果。2012 年以来，突破常规理念，开展页岩油基础研究及工程技术攻关，快速落实吉木萨尔 10 亿吨页岩油资源，累计获工业油流 36 井 52 层。2020 年，进一步深化"甜点"分类评价，按照国内首个页岩油储量计算行业标准，整装提交探明石油地质储量 1.28 亿吨，为国家陆相页岩油示范区建设奠定资源基础。

沙湾凹陷西斜坡二叠系油气勘探取得重要发现。持续开展地震资料处理解释攻关，进一步深化沙湾凹陷西斜坡二叠系成藏规律研究，部署上钻的沙探 2 井在风城组获日产气 2.04 万立方米，在上乌尔禾组获日产油 12.8 立方米、气

0.68 万立方米，该井是沙湾凹陷风城组首口天然气突破井，初步估算有利面积 2400 平方千米，对推动沙湾凹陷天然气新领域规模勘探具有重要意义。部署实施的车排 24 井在佳木禾组三段首获日产油 150.5 立方米、气 1.66 万立方米，落实储量规模 1.34 亿吨，发现佳三段高效勘探新层系，有效推动沙湾—玛湖中—下二叠统大型岩性地层油气藏整体勘探。

玛湖凹陷风城组页岩油勘探取得重要发现。近年来深化玛湖多层系整体研究，玛南风城组火山岩、砂砾岩相继突破，风城组展现较大的勘探潜力。为探索玛湖凹陷北斜坡风城组页岩油和常规高孔火山岩勘探领域勘探潜力，部署钻探的风险探井玛页 1 井在风一段火山岩＋碎屑岩储层率先获日产 23.76 立方米工业油流，后针对风二段、风三段页岩油采用直井多段分层压裂，3 毫米油嘴日产油 50.6 立方米。该井的成功展示玛湖凹陷风城组页岩油巨大的勘探潜力，有望逐步成为继百口泉组、乌尔禾组后重要接替层系。

盆地腹部油气勘探取得重要成果。持续开展精细构造、沉积、储层、成藏等基础地质研究，进一步深化腹部成藏规律认识，部署上钻的前哨 4 井在侏罗系三工河组获日产油 76.3 立方米、气 30.3 万立方米，新增控制天然气地质储量 103 亿立方米，进一步证实腹部斜坡带规模岩性勘探潜力；部署上钻的石西 16 井在石炭系获日产油 73.6 立方米、气 10.27 万立方米，落实有利勘探面积 950 平方千米，发现腹部石炭系效益勘探新区带。

盆 1 井西凹陷东北斜坡二叠系获新发现。盆 1 井西凹陷东北斜坡与玛东斜坡区发育类似的油气成藏条件，为探索该区二叠系勘探潜力，2017 年部署的盆东 1 井 2020 年 4 月完井后，在下乌尔禾组压裂测试，8 毫米油嘴获日产油 12.12 立方米，初步落实扇三角洲前缘有利勘探面积 2200 平方千米。

盆地南缘博格达山前复杂构造带获新发现。南缘东段处于二叠系、侏罗系生烃中心，发育多套生储盖组合，成藏条件好，为探索该掩伏构造带勘探潜力，2019 年部署实施风险探井博达 1 井，2020 年 5 月在二叠系上乌尔禾组压裂测试，5 毫米油嘴获日产油 11.7 立方米，并且在三叠系多层系见到良好油气显示，展现出该区立体勘探潜力。

吐哈准东区块石钱滩凹陷石炭系砂砾岩油气藏勘探获重要发现。按照下洼勘探思路，深化构造演化、沉积储层及成藏认识，集中研究、快速部署实施石钱 1 井，在石炭系石钱滩组中途测试，6 毫米油嘴获最高日产气 7.2 万立方米，发现斜坡近源高压岩性凝析油气藏，证实凹陷区近源型砂砾岩气藏成藏模式，实现准东石炭系碎屑岩天然气勘探的重要发现，有望成为吐哈油田增储创效的重要领域。

【塔里木盆地主要勘探成果】 台盆区寒武系盐下勘探取得重大突破。为探索塔里木盆地下寒武统丘滩体与中寒武统膏盐岩成藏组合勘探潜力，优选塔北隆起轮南西部有利区，针对早寒武世第一期台缘带沉积部署实施轮探1井，完钻井深8882米，在下寒武统吾松格尔组8203—8260米分层酸压，10毫米油嘴获日产油134立方米、气4.59万立方米，实现塔北寒武系盐下超深层首次重大突破，提升寒武系盐下的勘探信心。

塔北奥陶系深层勘探获重大突破。持续深化断溶体成藏认识，加大勘探力度，部署上钻的重点预探井满深1井在奥陶系7510—7666米酸化压裂测试，10毫米油嘴获日产油624吨、气37.13万立方米，满深1井的成功，实现奥陶系7600米超深层勘探的重大突破。甩开勘探的鹿场1井、哈得32井均获高产油气流，新发现一条资源量2.28亿吨的富油气大断裂。初步落实塔中—塔北古隆起间主干控藏断裂70条，估算资源量油20.6亿吨、气1.06万亿立方米，新增石油探明地质储量1646万吨。新建产能64.14万吨，塔北—塔中地区有望实现整体连片含油。

库车坳陷博孜—大北区块天然气勘探取得重要成果。通过持续开展成藏条件研究和地震资料圈闭落实及目标精细处理解释，在博孜地区新发现博孜13、博孜18、博孜15、博孜7等4个含气构造；评价博孜12、大北9、博孜3构造，新增探明天然气地质储量230亿立方米、凝析油346万吨，为博孜—大北地区形成新的万亿立方米大气区进一步奠定基础。

【柴达木盆地主要勘探成果】 干柴沟地区浅层勘探取得重要发现。突出浅层碎屑岩高效勘探，兼顾深层碳酸盐岩，在干柴沟地区部署钻探的柴9井在E_3^2油层试油获日产油121.12立方米、气5万立方米，随后钻探的评价井柴901井试油获日产油52.1吨、气1.2万立方米，发现新的高产、高丰度油气藏，实现英雄岭构造带规模发现阶段以来的第三次新突破。

风西—南翼山地区中浅层勘探取得重要成果。按照"预探控制规模、评价落实储量、开发效益建产"思路，优选南翼山、风西开展地质工程一体化攻关，风10井在E_3^2试油获日产16.1立方米工业油流，南翼山、大风山碳酸盐岩呈现油藏连片，新增探明石油地质储量1809万吨，展现N_2^2—E_3^2层系亿吨级规模勘探潜力。

【河套盆地主要勘探成果】 临河坳陷北部油气勘探取得重要发现。为拓展河套盆地勘探新领域，探索临河坳陷北部含油气性，通过不断深化地质认识，加强新采集三维地震资料目标精细处理解释，部署的临华1X井、兴华1井在古近系临河组相继获高产。临华1X井6毫米油嘴获日产油305.76立方米，兴华1

井发现 158.2 米厚油层，4.8 毫米油嘴放喷获日产油 274.08 立方米，打开河套盆地北部勘探新局面，初步估算临河坳陷中央断垒带兴华 1、临华 1 两个断块石油地质储量 6539 万吨，有望成为河套盆地继吉兰泰油田后又一亿吨级规模高效储量区。

【吐哈盆地及三塘湖盆地主要勘探成果】 吐哈盆地胜北中侏罗统岩性油气藏精细勘探取得新成果。按下洼寻找大型岩性油气藏思路，勘探开发一体化，针对胜北中侏罗统致密气部署探井 5 口，开展水平井 + 体积压裂攻关，胜北 502H 井、胜北 503H 井、胜北 505H 井先后获工业油气流，初步落实有利面积 193 平方千米，估算资源量 800 亿立方米，胜北 1、2 号构造落实含气面积 26.9 平方千米，落实天然气储量规模 136 亿立方米，凝析油 608 万吨，具较大的勘探潜力。

【二连盆地主要勘探成果】 二连盆地东部洼槽区石油勘探获重要进展。近两年，坚持下洼勘探，创新构建多类型成藏模式。2020 年，乌里雅斯太凹陷南洼槽以储量升级与甩开预探并重，部署实施 6 口探井，4 口井获工业油流，1 口井发现厚油层；吉尔嘎朗图凹陷甩开钻探林 28 井、林 30X 井获高产工业油流，落实储量规模 1100 万吨，发现新的有利区带，展现老区新带良好的勘探前景。

阿南洼槽区精细勘探取得新成果。以老井复查重新压裂提产提效为突破口，深化成藏认识，创新构建地层—岩性成藏模式，实施评价井 11 口，平均单井钻遇油层 29 米，落实预测石油地质储量 5288 万吨。其中，已落实探明石油地质储量 1200 万吨，建成产能 8.8 万吨，实现富油洼槽区增储上产，进一步证实在老区富油凹陷斜坡区和洼槽区地层岩性油藏勘探潜力。

【海拉尔盆地主要勘探成果】 海拉尔盆地赫尔洪德凹陷获新突破。为探索海拉尔盆地北部塔木兰沟组烃源岩发育情况及含油气性，优选赫尔洪德凹陷部署上钻赫 1 井。该井在塔木兰沟组揭示 285 米暗色泥岩，钻遇 6.2 米厚油层，压裂后获日产 5.3 吨工业油流，油质较轻，实现新凹陷、新层系双突破，初步落实有效烃源岩面积 1450 平方千米，估算资源量 1.86 亿吨，具较大的勘探潜力。

【风险勘探工作及成果】 面对新形势、新要求，进一步解放思想、坚定信心，立足战略性、全局性、前瞻性重大领域和目标，大胆构思、精细论证，宏观引导、细节把控，加快目标落实和实施推进，2020 年部署风险探井 35 口，完钻 34 口，完试 28 口，14 口井获工业油气流，取得 6 项战略突破和 6 项重要发现。其中：川中古隆起北斜坡灯二段台缘带蓬探 1 井、川中古隆起北斜坡震旦系—寒武系角探 1 井、阜康凹陷斜坡带康探 1 井、玛湖凹陷风城组页岩油玛页 1 井、塔北震旦系—寒武系轮探 1 井、河套临河坳陷兴隆构造带临华 1X 井获战略突破；沙湾凹陷斜坡带沙探 2 井、盆 1 井，西凹陷斜坡带盆东 1 井，准南博格达山前博达 1 井，辽河东部凹陷沙三火山岩驾探 1 井，辽河大民屯沙四段页岩油沈页 1H 井，松北古龙凹陷青山口组页岩油英页 1H 井获重要发现。超额完成年度目标，为 2021 年油气勘探部署奠定坚实的基础。

【中国石油 2020 年度油气勘探年会】　2020 年 12 月 8—9 日，中国石油天然气集团有限公司 2020 年度油气勘探年会在北京召开。此次会议是在党的十九届五中全会胜利召开之后、"十三五"收官与"十四五"开局、实现两个百年奋斗目标重要交汇期召开的一次重要会议，是持续深入贯彻习近平总书记和党中央大力提升勘探开发力度等一系列重要指示批示精神，扎实抓好"十四五"发展规划的动员会和部署会议。会议系统总结"十三五"油气勘探工作，广泛交流 2020 年油气勘探成果及提质增效主要做法和勘探管理经验，按照中央的决策部署以及集团公司党组对油气勘探的总体要求，以"十四五"规划为指导，部署安排近期油气勘探重点工作。集团公司董事长戴厚良、副总经理焦方正，股份公司副总裁李鹭光及来自集团公司和股份公司总部有关部门、勘探与生产分公司、工程技术分公司、16 家油气田公司、中国石油勘探开发研究院、东方地球物理有限责任公司及其他工程技术服务企业等单位勘探系统的 200 多名代表参加会议。

（孙瑞娜　范土芝）

勘探工程技术

【概述】　2020 年，按照集团公司"战严冬、转观念、勇担当、上台阶"总体要求，物探业务扎实推进提质增效专项行动，加强物探生产组织管理，强化技术攻关和创新，加大精细目标处理与解释，深化油气藏地球物理技术应用，持续加强规范化管理，支撑高效勘探和低成本开发，为国内上游业务高质量可持续发展提供技术保障。钻井和测井工程面对"低深难"的勘探形势和"两高一低"的开发现状，突出创新驱动和精益管理，不断提升钻井和测井业务在油气勘探发现、原油产量稳定和天然气业务快速发展中的支撑和保障作用。全年钻井 16804 口、进尺 3986.5 万米，完成水平井 2503 口，创历史新高；探井测井

1312 井次、开发井测井 10305 井次、生产井测井 45374 井次，解释符合率探井 83.3%、开发井 93.2%，整体保持较高水平。

【地震资料采集】 2020 年，二维地震计划采集 8332 千米，实际部署 8078 千米，完成 8045 千米，部署完成率 99.59%，计划完成率 96.56%；三维地震计划采集 18997 平方千米，实际部署 19424 平方千米，完成 19374 平方千米，部署完成率 99.74%，计划完成率 101.98%（工作量按年度投资计划项目统计）。二维地震、三维地震采集计划完成率均创五年新高。

通过强化设计、优选技术，实现地震采集提质增效。（1）优化技术方案，针对复杂构造目标，强化高密度、宽方位技术应用，满足高精度成像需求；针对复杂岩性目标，强化宽频、宽方位技术应用，提高储层识别精度。柴达木盆地咸东三维地震采用小道距高密度（炮道密度 150 万道 / 千米 ² 以上）技术，地震资料品质大幅度提升，构造形态、断层展布清楚，断点位置清晰，实现"从无到有"的重大突破，为落实有利钻探目标奠定基础；鄂尔多斯盆地城探 3 井区三维地震针对致密油气立体勘探目标，强化单点激发接收和高密度、宽方位观测技术，与以往二维地震资料相比资料品质实现质的飞跃，地震剖面信噪比高，波组特征清楚，层间内幕丰富，深层反射清晰，频带提高 20 赫兹，提高"甜点"预测精度。（2）全面推广宽频可控震源激发、高灵敏度单点检波器接收等先进技术，提高施工效率和资料品质，控制采集成本。2020 年，"两宽一高"地震采集设计应用率 100%，可控震源项目利用率 50% 以上，效率提高 30% 以上；高灵敏度单点检波器利用率三维地震 75%，接收环节提升效率 1 倍以上，提高频宽 10 赫兹以上。（3）强化表层调查，开展近地表速度、岩性、吸收衰减调查，夯实复杂构造准确成像基础。准噶尔盆地南缘四棵树凹陷利用超深微测井开展精细近地表调查，实现"双复杂"区复杂构造准确成像，地震资料品质大幅度提升。（4）强化过程监督，全面推广采集质控软件，强化量化质控和效果评价，提高质控的科学性和准确性。通过地震采集质控软件应用，采集质控效率提高 8 倍，全面实现无纸化绿色质控。（5）推广绿色安全生产，大力推广高清航拍、节点检波器、可控震源等先进环保设备，降低劳动强度，提高施工质量和效率，有效控制成本。鄂尔多斯盆地李庄子三维地震应用节点仪器，突破哈巴湖保护区施工壁垒，获 153 平方千米环保区资料，为该区油气勘探打下坚实资料基础。

【地震目标精细处理解释】 2020 年，全面推广"双复杂""双高"处理解释技术应用，处理二维地震 67863 千米、三维地震 83058 平方千米；解释二维地震 362112 千米、三维地震 280235 平方千米，发现落实圈闭 11460 个、面积 85729

平方千米，提交井位 4460 口、采纳 2489 口，支撑部署风险井位 35 口，油气重大突破与发现参与率 100%，获得一批重要地质新认识，为油气高效勘探和低成本开发提供有力支撑。

塔里木油田通过精细处理、连片解释，准确刻画塔北—塔中断裂体系，厘定主干断裂 70 条，总长度 3306 千米，重新认识断裂控藏规律，部署满深 1 井日产油 175 吨、气 7.2 万立方米，证实塔北—塔中整体连片含油，展现 10 亿吨大场面；运用叠前深度偏移处理准确落实超深层构造，部署轮探 1 井测试日产油 133 立方米、气 4.87 万立方米，证实 8000 米以深可发育原生油藏和储盖组合；开展克拉苏构造带博孜—大北区块精细三维地震连片处理、解释，发现和落实圈闭 17 个，总面积 495 平方千米，新增探明天然气 230 亿立方米、油 346 万吨，控制 + 预测天然气 2193 亿立方米、油 2275 万吨，支撑博孜—大北大气田规模上产。新疆油田在准噶尔盆地部署格架二维地震，通过精细处理解释准确刻画二叠系构造格局，新增预测储量 1.3 亿吨，展现准噶尔盆地上乌尔禾组整体连片大面积成藏态势；基于高分辨地震资料在阜康凹陷落实圈闭 733.6 平方千米，建议 3 口风险井位，其中康探 1 井三层合计日产油 315 立方米、气 3.16 万立方米，打开盆地东部规模勘探新领域。华北油田基于三维地震资料重新落实河套盆地兴隆构造，调整风险井临华 1X 井部署，在临河组获日产 305 立方米高产油流，开辟河套盆地规模增储新战场。西南油气田基于"双高"资料在四川盆地发现灯影组丘滩体 8660 平方千米、沧浪铺组岩性圈闭 2300 平方千米、栖霞组有利面积 9100 平方千米，支撑高石梯—磨溪北斜坡蓬探 1 井、角探 1 井突破。

【物探技术攻关】 2020 年，针对前陆冲断带高陡构造、碳酸盐岩、火山岩、页岩油和老区精细勘探等五大领域，设立 14 个物探技术攻关项目。其中：前陆冲断带高陡构造领域重点攻关塔西南、准南缘、鄂尔多斯西缘、柴北缘、川西北等"双复杂"探区地震成像技术，落实勘探目标；碳酸盐岩领域重点攻关塔里木柯坪断隆、鄂尔多斯古隆起周缘盐下和川中、塔北孔隙型、缝洞型储层描述技术，落实钻探圈闭；火山岩领域重点攻关川西火山岩有利储层叠前预测技术，拓展勘探战场；页岩油领域重点攻关探索长庆庆城长 7 油层、玛湖风城组页岩油"甜点"预测技术，推动规模建产；老区精细勘探聚焦渤海湾盆地多层系潜山、深层和吐哈盆地侏罗系等构造—岩性目标精细成像刻画，落实钻探目标。

针对不同领域地质难点和技术需求，制定相应技术思路，取得良好技术进展和应用成效。高陡构造领域开展多信息约束浅表层速度精细建模，为"双复杂"区构造准确落实夯实基础，塔西南山前带浅层构造实现资料"从无到有"

质的飞跃；碳酸盐岩领域攻关近地表 Q 补偿及 Q 偏移技术，资料信噪比显著提升，鄂尔多斯奥陶系盐下地层内部层序可识别程度提高，底界不整合反射更清晰；火山岩领域强化低频保真处理、精细速度建模技术攻关，成像精度显著提高，磨溪北斜坡火山岩成像断点干脆，深层火山通道刻画更清晰；页岩油领域开展"双高"处理解释技术攻关，提高资料分辨率，颠覆庆城北传统长 3—长 7 分层的地质认识，支撑庆城油田 3.58 亿吨探明储量提交。

【物探科研与应用】 2020 年，聚焦生产急需核心技术，突出科技创新性和成果有形化，按照基础研发、瓶颈攻关、前沿探索 3 个层次设立 9 个物探科研项目。持续抓好地震储层预测质控软件系统集成研发，聚焦双复杂目标采集及成像处理、裂缝—孔隙型储层渗透性预测、页岩油叠前地震波形反演"甜点"预测、地震面波特征估算近地表速度和 Q 值等关键技术研究，深化探索智能化物探技术，取得重要进展。研发双复杂探区近地表建模技术，支撑川西北山前带风险井速度模型优化调整。完成国内外首套地震储层预测质控软件系统集成和测试，开展 2 个实际工区试应用，指导储层预测质量控制。形成互相关相移面波频散成像新方法，开发面波频散成像及曲线交互拾取软件模块，实现基于聚类分析算法的面波频散曲线自动拾取技术，将单人 40 小时拾取工作量缩短至 340 秒完成，为利用地震面波特征估算近地表速度和 Q 值奠定基础。地震智能化层序地层与沉积相解释技术取得新进展，形成智能地震层序地层解释软件并递交软件著作权，率先获得智能地震解释技术国家发明专利。智能断层识别准确率 93% 以上，智能化层序地层解释效率较常规提高 9 倍以上。开展智能化地震波初至拾取和自动速度分析方法研究，初步实现智能化初至拾取和高信噪比数据叠加速度自动解释。与人工拾取相比，智能初至拾取效率提高 50 倍以上，智能速度拾取效率提高 720 倍。

【GeoEast 国产地震处理解释软件推广】 "十三五"期间，通过组织用户会和工作会，强力推动 GeoEast 处理解释软件等国产软件应用。根据前期推广效果和油气勘探生产实际需求，明确 2019—2021 年度深化软件推广任务，制定"188"目标，即 GeoEast 应用人员熟练掌握率 100%，处理解释平均应用率 80%，国内勘探重大发现参与率超过 80%。2020 年，GeoEast 熟练掌握率 100%，处理三维地震 62293 平方千米（应用率 75%），解释三维地震 215781 平方千米（应用率 77%），发现落实圈闭 8824 个，完成年度"177"推广应用阶段目标。

（易维启 刘依谋）

【水平井钻井】 2020 年，完成水平井 2503 口，占钻井总井数的 20.5%，创历史新高。水平井主要应用在致密油气、页岩气、碳酸盐岩、煤层气等常规油气藏，非常规油气藏水平井比例逐年增加。通过强化油气藏精细刻画、强力推进先进适用工程技术应用，尽管油气藏资源品位下降，但水平井总体开发效果依然十分突出。长庆油田通过水平井的规模应用推广，实现低品位资源的有效动用，超低渗透Ⅲ类和页岩油水平井/大斜度井建产比例由 10.3% 增至 63%，较直井增产 3—12 倍，遏制多井低产趋势；气田开发上全年完成水平井 422 口，占新建产能的 52.7%，在苏东南区高效建成 30 亿立方米致密气水平井示范区，完试 132 口井，48 口无阻流量超百万立方米，五年来减少直井建井数 5260 口，实现气田高质量发展。新疆玛湖全面推进水平井 + 体积压裂整体开发，成为油田上产的助力区块，玛湖完成水平井 279 口，新建产能 222 万吨、年产油 201.4 万吨，同比分别增加 62 万吨、70.7 万吨；吉木萨尔页岩油持续完善储层"甜点"分类评价、水平井轨迹跟踪调控等技术，新投井平均日产油 24.6 吨（同比增长 30% 以上）。川渝页岩气继续通过强化水平井整体开发、平台化部署工厂化作业、推进长水平段及深层抗高温等提质提效技术应用，全年完钻水平井 327 口，平均水平段长 1660 米（首次完成 2 口段长 3000 米以上水平井），钻获 25 口 EUR 大于 1.5 亿立方米的高产井和 4 个测试日产 300 万立方米以上的高产平台，年产气 116.1 亿立方米，创历史新高。塔河南岸通过持续规模应用水平井，2020 年产油 154 万吨，净增 54 万吨，当年完成水平井 30 口，试油定产 28 口，成功率 86%，其中百吨井 16 口。

水平井钻井技术日趋成熟，保障能力进一步提升。2020 年，水平井平均水平段长 980 米，为体积改造和提高水平井应用效果奠定基础。完成段长 2000 米以上水平井 119 口，其中长庆靖 50-2H1、桃 2-33-8H2 致密气水平井水平段长度分别为 4188 米、4466 米，创中国石油水平段长度新纪录；宁 209H71-3 井井深 4850 米，水平段长 3100 米，创 2020 年页岩气最长纪录；完成国内陆上最大水平井平台华 H60（22 口），平均水平段长 1507 米，平均钻井周期 18.5 天；完成中国石油斜深最深水平井双鱼 001-X3 井（完钻井深 8600 米，水平段长 892 米）；实施 7 口山前大斜度井，其中大北 1401 井井斜 89 度，造斜率 14 度 /30 米；长庆气田 5½ 英寸（1 英寸 =2.54 厘米）套管老井侧钻水平井实施 37 口，钻井周期由 60 天缩短为 27.84 天，平均水平段长 705.74 米。华北吉华 1 区块完成 13 口浅垂深水平井，其中吉华 1 平 11 井创油田最高水垂比纪录（水垂比 2.5），吉华 1 平 7 井创油田最浅造斜井深纪录（58 米）。自主研发的旋转导向工具在宁 209H23 平台等 14 口井中开展应用，性能参数全面达到设计要求。

【欠平衡钻井】 2020 年，实施欠平衡、气体钻井、精细控压钻井 179 井次，在裂缝性储层储层保护、研磨性地层的钻井提速、窄密度窗口的防漏治漏和固井等方面取得显著成效。（1）推广应用精细控压钻井技术保障复杂地层的安全钻井。西南油气田在高石梯—磨溪完成 35 井次精细控压钻完井应用，平均钻井液漏失量 187 立方米，平均复杂处理时间 59 小时，较常规井分别下降 75%、82%；喷、漏复杂储层实现"钻、测、完"一体化精细控压钻完井作业，100% 钻达地质目标，成为灯影组开发的必备技术。新疆油田针对南缘等窄窗口地层应用精细控压钻井技术 6 口井，降低溢漏同层段钻井安全井控风险，顺利钻达目的井深，已成为该区标配技术，其中呼探 1 井五开 7209—7601 米实施精细控压钻井，井底 ECD 控制在 2.14 克 / 厘米³ 左右，顺利钻至目标井深，创北疆钻井最深纪录。青海油田在狮 301 等 7 口井应用精细控压技术，通过优化密度合理控制井底压力，与常规钻井相比平均单井漏失量下降 50%，复杂时间下降 86%，提速效果显著，特别是狮 301 井四开采用精细控压技术，安全钻至 5610 米，节约周期 50.83 天，并减少一层备用套管。（2）精细控压压力平衡固井提升超深井固井质量成效显著。西南油气田推广以环空动态当量密度精确控制与最优顶替效率为核心的精细控压压力平衡法固井技术，有效提高复杂超深井窄安全密度窗口地层固井质量。在双鱼石、高石梯—磨溪等重点区块应用 23 井次，尾管固井质量合格率 72.68%、优质率 35.3%。塔里木油田克深 13 区块高压盐水层、薄弱层段采用常规固井发生严重井漏，固井质量差，在克深 8-13 井四开成功实施精细控压钻井和固井试验，钻穿高压盐水层（压力系数 2.52）和盐下易漏泥岩地层，完成尾管控压固井技术，固井合格率 98.4%。克深 13-3 井实现密度窗口 0.03 克 / 厘米³ 条件下的固井一次上返，减少钻井液漏失约 200 立方米。（3）气体钻井大幅度提高研磨性难钻地层钻井速度。在双鱼石、剑阁等区块应用气体钻井 7 口井，应用井同比节约钻井周期 20—30 天，其中双鱼石区块直径 444.5 毫米井眼推广应用 4 井次，平均单井进尺 2166.75 米，平均机械钻速 9.38 米 / 时，提效显著。针对页岩气表层漏失严重等难题，应用井平均钻井周期缩短至 3—5 天，单井用水量同比节约 70%（4000 立方米）以上，降低井漏复杂、节省拉水费用。塔里木油田在博孜 2、博孜 10、博孜 24 等井应用气体钻井，进尺分别为 2180 米、760 米、1237 米，与邻井博孜 7 井同层段采用涡轮 + 孕镶、非平面齿 PDC 钻头相比，机械钻速提高 3—4 倍，总计缩短钻井周期 137 天，节约孕镶 PDC 钻头 17 只，平均单井节约综合成本近 900 万元，提速降本效果显著，特别是博孜 2 井刷新国内 311.2 毫米井眼气体钻井施工井深最深纪录（5015 米）。

【垂直钻井】 2020 年，在塔里木、新疆、青海、四川等油气田应用垂直钻井 143 井次，其中塔里木油田应用 121 井次，进尺 18.4 万米，斯伦贝谢 Power-V

工具实施 93 井次，进尺 13.8 万米，占其总工作量的 75%。为进一步提升提速效果，推广 Power-V+ 附加动力组合，在博孜—大北砾石含量低或不含砾地层应用 Power-V+ 大扭矩螺杆工具提速，与单独使用 Power-V 相比单趟进尺提高 31%，钻速提高 37%；持续提升工具及电子元件抗高温高压性能，满足山前超高温超高压条件下防斜打快需求，研发 Power-V HP 垂钻工具（耐温 175℃、耐压 207 兆帕），并在库车山前博孜 902 井成功应用，最高工作温度 151℃、最高工作压力 186 兆帕，$6^5/_8$ 英寸井眼钻达 7641 米，创国内应用井深最深纪录。青海油田在英中和九龙山地区大井眼均使用垂钻系统实现防斜打快，应用 12 井次，相比螺杆钻具 444.5 毫米井眼提速 119%，311.2 毫米井眼提速 42%。其中，龙 9 井上盘 E_3^1—E_{1+2} 地层倾角 70—80 度，应用垂直钻井系统进尺 1604 米，井斜控制在 1.5 度以内。西南油气田在双探 108 井、107 井 241.3 毫米井眼雷口坡组—嘉陵江组开展"PDC+Power-V+ 大功率螺杆"提速试验，其中双探 107 井一趟钻穿雷口坡组—嘉陵江组，井斜角控制在 0.5 度内，进尺 1480 米，机械钻速 9.9 米／时，分别同比邻井提高 26.28%、28.47%，创该区块机械钻速最高纪录。新疆油田在天湾 1 井、高泉 6 井等 6 口井使用垂直钻井系统，较好地解决防斜打快难题，提高深井井眼质量，其中天安 1 井二开—四开（235—5650 米）井段使用垂直钻井系统，钻压最高 250 千牛顿，井斜角控制在 2 度以内，平均机速 3.02 米／时，较邻井安 6 井平均机械钻速提高 1.29 倍。

国产大尺寸垂直钻井技术持续完善。2020 年，渤海钻探研制的 VDT 工具应用 26 井次，进尺 4.29 万米，其中在塔里木油田完钻 23 井次，进尺 39446 米，同比进尺增加 12400 米，提高 45%，工具平均入井工作时间与国外工具相比逐年缩小。西部钻探与航天十八所共同研制垂钻工具也取得显著进步，井斜控制能力和降斜能力较好。

【大井丛工厂化钻井】 2020 年，中国石油完成 3 口井以上平台数 1591 个、钻井井数 7045 口，占总井数的 57.8%，其中 10 口井以上大平台 77 个、共 825 口井。依托大井丛部署，开展平台井设计优化、整体组织实施、标准化技术规范、共享物资和人力资源等，大幅度提高建井效率，减少资源消耗，实现精益化管理，全年减少临时征地 42350 亩、永久征地 7735 亩，节省重晶石 68934 吨，缩短钻井周期 14584 天。

长庆油田以实现"平台井数最大化，控制储量最大化，缝控储量最大化"为目标，通过开展技术创新，不断完善大平台开发技术，实现 1000 米以上偏移距钻井的突破（庆 H2-1 井偏移距 1011 米，庆 H2-3 井偏移距 1030 米），平台井数由 6 口增加至 22 口（最大能力 32 口）；形成双平台长制度，持续升级工厂化作业模式，累计节约 5.8 亿元，钻井周期累计节约 9182 天。2020 年完成的华 H60 平台，三层立体动用，完钻 22 口水平井，平台控制储量 720 万吨。新疆油田在产能建设中依托工厂化批量钻井，推行大小钻机组合，固化人员和设备，实现平台整体提速，整体节约费用 1 亿元以上，其中玛湖 1 示范区三开井段钻井工期由首轮井的 51.1 天缩短至 24.3 天；风南 4 井区水平井钻井工期由 2019 年的 77 天缩短至 54.4 天，平均钻井成本由 1958 万元降至 1750 万元。川南页岩气采用 6—8 口大井丛部署，采用工厂化作业模式，实施批量化钻井，311.2 毫米及以上井眼、215.9 毫米井眼分别实施批量化钻井，建立学习曲线；实现共享设备及钻具、钻井液重复利用等，平台井建井周期同比缩短 35% 左右。华北油田通过技术试验攻关，大井丛工厂化作业从无到有，实现常规油气、煤层气、储气库业务全覆盖。针对吉兰泰油田地处戈壁沙漠、环境敏感、钻前费用高问题，在吉华 2 区块全部采取大井丛平台建设，采用双排布井、双钻机钻井，钻井、建井周期分别缩短 40.1%、48.8%，建产效率提升 40%；煤层气产能建设中通过大井丛工厂化作业，地面投资下降 20%，占地面积下降 58%，建设周期缩短 56%，运行能耗下降 26%。大平台工厂化作业在各油气田公司全面推广，成为油气田公司效益建产、实现降本增效的重要举措之一，也为中国石油实现清洁生产、高质量发展发挥重要作用。

（叶新群）

【高精度成像测井和扫描测井的技术应用成效】 2020 年，中国石油 503 口探井进行成像测井（不含阵列感应和阵列侧向），探井覆盖率 38.8%。其中，电成像、阵列声波、核磁共振、MDT、元素俘获 / 岩性扫描和旋转式井壁取心的作业井次分别为 398 井次、524 井次、321 井次、37 井次、127 井次和 138 井次，分别占探井总数的 30.3%、39.9%、24.5%、2.8%、9.7% 和 10.5%。

成像测井主要应用于：（1）推进电成像测井裂缝评价和 MDT 流体快速识别，塔里木盆地库车深层裂缝性砂岩解释符合率 86.3%，有效支撑博孜 18、博孜 7 和博孜 15 等区块的勘探发现，保障库车地区 2233 亿立方米三级储量的上交；（2）通过准噶尔盆地南缘的高 101、高 102 和高泉 5 等井油基电成像测井评价，掌握高泉构造清水河组的岩性与微相变化特征以及有利储层发育特点；（3）基于柴达木盆地湖相碳酸盐岩的岩性扫描测井流体识别和电成像测井缝洞发育特征，解释符合率提高 10 个百分点以上，准确识别出柴 9 井的试油获日产百吨以上油气层；（4）四川盆地川西火山岩的核磁共振、电成像和岩性扫描测井的孔隙结构、岩性岩相和流体识别，储层识别符合率 85% 以上，流体性质识别符合率 83%，为试气层段优选和试气方案设计提供重要支持。

【风险探井测井采集与解释评价】 2020 年，完成康探 1、呼探 1、角探 1、蓬探 1、阳探 1 等 33 口风险探井测井精细解释，优选出试油层段，有力支持风险勘探发现。准噶尔盆地康探 1 井乌尔禾组一段在岩屑和壁心均无显示且基本无气测情况下，测井解释油层 14 米并坚持试油，获日产油 115.51 立方米的高产，开辟阜康凹陷新的勘探领域。四川盆地角探 1 井在沧浪铺组准确解释出气层 14.5 米，测试获日产气 51.62 万立方米的高产，为盆地内沧浪铺组首次获勘探突破。

【MDT 技术的提质增效作用】 2020 年，MDT 测井应用 79 井次，降本增效作用明显，支撑油气田低成本开发。大庆油田应用 67 口井，其中探井应用 13 井次，解释符合率 100%，采用 MDT 结论直接减少试油层 66 个，单层可节省 40 万—50 万元、10 天试油作业时间；塔里木油田在克深 25 井等重点井中应用 7 井次，相比于常规试油，其作业时间为 1/20，费用为 1/10；西南油气田在长宁页岩气水平井应用 XPT 测压 7 井次，准确确定出储层孔隙压力，为"甜点"区优选提供关键参数。

【二维核磁共振测井的页岩油气"甜点"评价】 2020 年，二维核磁共振测井（CMR-NG）应用 16 井次，在页岩油气评价中成效显著。CMR-NG 精细评价可动油、束缚油、可动水和束缚水等流体性质，提高页岩油"甜点"评价的准确性，在玛页 1 井、龙安 1 井等页岩油风险探井"甜点"评价中见到良好效果；CMR-NG 在长宁西区低阻页岩气评价中，明确低阻成因是高成熟度导致的石墨化骨架导电，不含可动水，储层物性较好，具有良好的勘探潜力，拓展低阻页岩气勘探领域。

【三分量感应测井的电各向异性评价】 2020 年，中油测井自主研发的三分量感应测井在松辽盆地古龙凹陷、三肇凹陷、双城凹陷及四川盆地川西火山岩中应用 39 井次，其中在页岩油储层中应用 14 井次。确定古龙页岩油储层的电各向异性特征，清楚地识别出页岩纹层和页理发育程度的宏观结构，为页岩油"甜点"段提供重要参数。

（刘国强）

油　田　开　发

【概述】　截至 2020 年底，股份公司累计动用地质储量 207.78 亿吨，可采储量 60.96 亿吨，标定采收率 29.34%，累计产油 47.34 亿吨；地质储量采出程度 22.74%，可采储量采出程度 77.53%，地质储量采油速度 0.49%，剩余可采储量采油速度 6.89%，储采比 14.52；老井自然递减率 9.53%，综合递减率 4.87%。 2020 年，年末日产油水平 26.54 万吨，年产油 10225 万吨，日产液 252.49 万吨，年产液量 9.29 亿吨，油田综合含水 89.69%；日注水 314.1 万立方米，年注水 11.33 亿立方米，月注采比 1.06，累计注采比 1.03；采油井总井数 255495 口，开井 188010 口，平均单井日产油 1.41 吨；注水井总井数 99852 口，开井 75162 口，平均单井日注水 41.79 立方米（表 1-2）。

表 1-2　2020 年采油、注水情况

项　目	2020 年	2019 年	同比增减
采油井总井数（口）	255495	255575	-80
采油井开井数（口）	188010	186807	1203
平均单井日产量（吨）	1.41	1.44	-0.03
注水井总井数（口）	99852	99711	141
注水井开井数（口）	75162	74341	821
平均单井日注水（立方米）	41.79	42.92	-1.13

【原油生产】　2020 年，生产原油 10225.33 万吨（包含液化气 110 万吨），其中自营区产油 9500.62 万吨、合作区产油 724.71 万吨（表 1-3）。

表 1-3　2020 年原油产量、商品量

项　目	2020 年	2019 年	同比增减
原油产量（万吨）	10225.33	10176.90	48.43
自营区（含风险作业）原油产量（万吨）	9500.62	9447.8	52.82
合作区原油产量（万吨）	724.71	729.2	-4.49
原油商品量（万吨）	10118	10077	41

大庆油田在蒙古国油田限运停产，影响产量 30 万吨的形势下，及时组织复产复工，统筹组织生产运行，大力开展抢产夺油，生产原油 3001 万吨，保持 3000 万吨稳产，继续发挥原油"压舱石"作用；长庆油田创新建立"大井丛、工厂化"高效建产模式，实现致密油和页岩油规模效益开发，生产原油 2467 万吨，继续保持产量增长；新疆油田持续优化产量构成，加大玛湖砾岩油藏效益建产规模，生产原油 1320 万吨，实现产量快速增长；辽河油田推进 SAGD、火驱、二元驱等重大开发方式转变，努力保持千万吨稳产，生产原油 1004 万吨；塔里木油田加快塔北碳酸盐岩富满区块原油上产，生产原油 602 万吨，产量不断攀升；华北、吉林、青海、玉门等油田老区通过强化精细地质研究，夯实稳产基础工作，开发形势逐年好转，新区不断创新攻关，呈现较好发展态势（表 1-4）。

表 1-4 2020 年各油气田原油产量

万吨

油 区	2020 年	2019 年	同比增减	油 区	2020 年	2019 年	同比增减
股份公司总计	10225.33	10101.74	123.59	吉林油田	400.00	393.72	6.28
大庆油田	3001.03	3204.43	−203.4	青海油田	228.50	223.30	5.2
长庆油田	2467.20	2377.02	90.18	吐哈油田	157.01	185.00	−27.99
新疆油田	1320.02	1147.01	173.01	冀东油田	127.50	130.00	−2.5
辽河油田	1004.26	995.11	9.15	玉门油田	49.02	41.00	8.02
塔里木油田	602.01	551.53	50.48	南方公司	30.58	30.46	0.12
华北油田	416.00	407.20	8.8	西南油气田	5.16	5.95	−0.79
大港油田	415.02	407.02	8	浙江油田	2.00	3.01	−1.01

【原油产能建设】 2020 年，原油产能建设严格执行立项程序和投资计划，突出达标管理；严格开发指标与效益指标论证，坚持向目标优选要效益、向方案优化要效益、向技术进步要效益、向精细管理要效益。（1）强化源头质量效益控制。加强产能建设前期工作，全方位优选建产区块，一体化研究优化地质与工程、地下与地面、储量与产能、产能与投资、开发方案与工程设计，达不到效益标准的产能项目采取效益倒逼机制，必须降投资和运行成本。（2）充分发挥技术创新驱动作用。大力推广"大井丛、多层位、多井型、平台式、工厂化"建产新模式，大力推广水平井＋体积压裂新技术，扩大地面一体化集成装置应用规模。科学部署大平台丛式井方案，节省征地，减少人员设置，降低建设投

资和管理成本。

2020 年，自营区计划钻井 8963 口，进尺 1813.2 万米，建产能 1543.3 万吨；实际钻井 8194 口，进尺 1672.2 万米，建成产能 1204.4 万吨。产能贡献率 38.4%，为五年来最高。其中，新区产能占比 62.9%，近两年连续超过 60%。投产油井 7802 口，平均单井日产量 3.1 吨，同比提高 11%。新疆玛湖、塔里木哈拉哈塘等 6 个股份公司重点项目，新钻井 791 口，进尺 294 万米，建产能 356 万吨。老区产能完成率 86%，同比提高 2.8%，新疆、长庆、吐哈、塔里木、吉林、华北等油田完成率较高。

【精细油藏描述】 2020 年，完成精细油藏描述区块 93 个，覆盖地质储量 16.54 亿吨。三维地质建模覆盖地质储量 15.29 亿吨，数值模拟历史拟合 17959 口井，预计采取相应的配套调整挖潜措施后可增加可采储量 4106.91 万吨，提高采收率 2.37 个百分点。精细油藏描述成果有效指导油田开发调整，在老区加密调整、滚动扩边、注采系统调整和老油田综合治理等方面发挥重要作用。支撑编制产建方案 164 个，提供井位 5700 余口。

精细油藏描述技术取得部分创新成果：井震协同构造建模与微构造描述技术，拓宽老油田井位部署空间，实现由"躲断层"向"靠断层"转变。多元信息融合，精准刻画含油小微地质体，实现薄储层精准预测。探索形成基于常规测井曲线的低渗透储层裂缝描述技术，提高剩余油分布预测的准确性。砾岩油藏微观孔喉识别及动用界限表征技术为开发方式转换和剩余油挖潜提供依据。建立基于监测资料及数值模拟的无效循环识别方法。

【精细注水工程】 精确把握油藏地质情况，精准实施分类治理，巩固和发挥注水开发的主导地位，持续推进精细注水工作常态化，油田稳产基础得到进一步加强。2020 年，以精细注采调控为核心，突出含水控降和低效无效注水治理，重点实施注水井更新 454 口、新增分注井 3044 口、注水井大修 1941 口、新投注水井 2889 口、油井转注井 1111 口、检管重配井 1.38 万口以及水质提升等设备设施改造。专项治理效果持续巩固，注水井分注率 63.5%、分注合格率 80.5%、井口水质合格率 91.5%。继续扩大第四代智能分注试验区规模，在大庆、长庆、吉林和华北等油田典型油藏建立 10 个示范区，累计应用 1244 口井，示范区均实现数据管理网络化，分注合格率从一个测试周期的 41.5%—67.3% 上升到长期保持 90% 以上。

【二次开发工程】 2015 年以来，潜力评价不断更新升级，评价范围由中高渗透油藏拓展到稠油油藏，2020 年拓展到低渗透油藏，覆盖储量由 80 亿吨拓展到 170 亿吨。评价结果表明，"二三结合"潜力评价涵盖中高渗透、低渗透、稠油三大领域，可实施储量 106.4 亿吨，预计采收率提高 17.4 个百分点，增加可采储量 18.5 亿吨，是股份公司剩余可采储量（13.6 亿吨）的 1.4 倍。至此，历经 5 年攻关，揭示不同类型油藏"二三结合"提高采收率的技术方向和蕴藏的巨大潜力，指明老油田大幅增加可采储量的目标和方向。

以多油层"二三结合"层系井网立体重构、"密井网"精细注采调控、二元驱为核心的配套技术趋于成熟。新疆、大港、辽河、青海等油田 7 个重点项目利用"二三结合"立体层系井网精细水驱实现产量翻番，2020 年产量突破 100 万吨，达到 135.2 万吨，创历史新高。新疆克拉玛依油田七中区克拉玛依组、八区 530 八道湾组、百 21 井区百口泉组、七区八道湾组、大港港西、辽河欢喜岭锦 16 等"二三结合"可整体提高采收率 20 个百分点，固定油价 45 美元 / 桶内部收益率 12% 以上，较单独三次采油提高采收率 4—5 个百分点，内部收益率提高 2%—3%。百口泉老区典型方案以"二三结合"构建"二三结合"井网，产量由 2016 年 31.7 万吨升至 48.8 万吨，完全成本由 58.5 美元 / 桶降至 40.8 美元 / 桶，具备 100 万吨上产并持续稳产的条件。

【重大开发试验】 重大开发试验突出"创新、资源、绿色、低碳"，以"提高单井产量、提高采收率、降低开发成本"为主题，按照"成熟技术推广一批、接替技术试验一批、储备技术攻关一批"的工作思路，针对大庆、长庆、新疆、塔里木等重点油田，瞄准关键技术，精心现场组织、现场实施，突破油田开发中迫切需要解决的瓶颈技术，加快试验成果的工业化推广进程。

2020 年，重点开展十项重点试验：大庆、新疆、辽河、大港、长庆等油田化学驱大幅度提高采收率先导试验，新疆玛湖油田提高动用程度转变开发方式重大开发试验，长庆鄂尔多斯长 3-7 中低成熟页岩油原位转化先导试验，塔里木东河 1/ 塔中 402、叶哈葡北、辽河兴古潜山重力（混相）驱工业化试验，新疆红浅 1、辽河杜 66、华北蒙古林、辽河锦 91/ 庙 5 火驱工业化试验和先导试验，青海尕斯 / 昆北、长庆安塞、华北任 9 潜山油藏减氧空气驱工业化试验，长庆元 284 超低渗透油藏转变注水开发方式工业化试验，大庆、吉林、长庆、新疆等油田二氧化碳驱工业化试验，大港官 109-1、长庆华 201 侏罗系中低渗透油藏化学驱试验。试验区覆盖地质储量 27144 万吨，预计提高采收率 16.9 个百分点，增加可采储量 4587 万吨。试验区年产油 170.4 万吨，平均单井日产油 2.1 吨，试验区和工业化推广区块年产油 1923.2 万吨，试验成果对股份公司增储上产的推动作用进一步显现。

重大开发试验不断创新油田开发战略性技术，推动开发方式转变，取得重要成果和进展包括：（1）超低渗透油藏转变注水开发方式试验取得重要进展，为该类油藏有效开发探索方向。长庆元 284 超低渗透油藏通过液体改性（常规压裂液向驱油型压裂液转变）、压前补能、规模改造、渗吸置换、压后蓄能等工作，水平井单井 EUR 从 8000 吨提升到转方式后的 2.4 万吨，提高 3 倍以上，实现超低渗透 / 致密油从有效开发到高效开发的重大提升。元 284 超低渗透油藏试验前开发完全成本 78 美元 / 吨，先导试验降低到 41 美元 / 吨，工业化试验又进一步降低到 32 美元 / 吨，对股份公司类似油藏的高效开发具有重要指导意义。（2）塔里木东河塘天然气驱试验混相及重力驱替特征明显，塔里木东河塘 + 塔中 4、吐哈葡北、辽河兴古潜山天然气驱 + 战略储气库协同开发全面启动，建成后累计库容量 165.8 亿立方米，工作气量 71.1 亿立方米，调峰能力 6860 万米 3/ 日。（3）减氧空气驱在低渗透、高温、高盐等油藏规模应用效果良好，形成标准化、系列化减氧空气一体化装置，降低注气成本，长庆、吐哈等油田开展的减氧空气驱试验预计提高采收率 15 个百分点以上。（4）火驱技术已成熟配套并进入工业化推广，实现注蒸汽后开发稠油油藏转变开发方式的战略接替，2020 年火驱实施的项目有新疆红浅、华北蒙古林、辽河杜 66/ 锦 91/ 庙 5，年产量 38 万吨，在世界火驱技术应用领域占据重要地位。国内开展的火驱试验完全依靠自主创新，初步形成一套适用于地下、符合油田生产实际的技术配套体系，探索出一条经济有效开发之路，形成一支优秀的技术管理团队，实现地质与工程、生产与科研的有效结合。（5）SAGD 开发试验成效显著，实现辽河油田 / 新疆油田超稠油开发方式的重大转变，新疆油田、辽河油田 SAGD 年产量 200 万吨以上。直平组合和双水平井组合两种 SAGD 开发方式，实现 7000 万吨难采储量的有效动用，形成完善的油藏工程、钻采工程和地面工程等配套工艺，在辽河曙 1 区、新疆风重 010+ 九区等区块新增动用储量 1.5 亿吨，建产 258 万吨。（6）长庆正 75 长 3–7 中低成熟页岩油原位转化试验完成钻井取心和模拟实验工作，国内首次模拟干酪根生成油气全过程。（7）辽河锦 16、新疆七中区和大港港西三区中高渗透油藏二元驱试验目标完成，提高采收率分别为 21 个百分点、20 个百分点和 16.5 个百分点，已全面启动工业化推广；中低渗透油藏化学驱技术组织攻关，长庆油田生化水工业化试验取得重要进展，有望形成三次采油新的产量增长点。

【油藏分类治理】　面对油田开发处于高含水、低采油速度、多井低产、低油价、生产系统庞大的局面，针对开发中的突出矛盾，结合油藏的实际状况，采取针对性措施，协同施策，实现已开发油田精益生产。2020 年，治理"三双"区块 348 个，覆盖地质储量 113 亿吨，通过治理，区块开发形势得到改善。

　　"双高"油藏指综合含水不小于 80% 和可采储量采出程度不小于 60% 的高

含水、高采出程度老油藏。140个开发单元动用地质储量88.8亿吨，年产量4389万吨，分别占股份公司的44.1%和43.1%。治理对策是立足精细水驱挖潜和层系井网优化，持续深挖水驱潜力；以"二三结合"为指导，将水驱与三次采油的层系井网统筹考虑，适时转入三次采油，大幅提高采收率。治理目标是实现控水稳油，挖掘剩余潜力。通过治理，"双高"区块同比减少2个，综合递减率、自然递减率和含水上升速度同比分别下降0.4、1.6和0.1个百分点。

"双低"油藏指采油速度不大于0.5%和地质储量采出程度不大于10%的难采、低速开采的油藏。主要是低渗透油藏，开发单元102个，动用地质储量24.9亿吨，年产量522万吨，分别占股份公司的12.3%、5.1%。治理对策是改善储量动用程度，提高单井产量，大力发展水平井体积压裂和多轮次重复压裂技术。治理目标是实现提速增产，改善开发效果。通过治理，"双低"油藏单元数同比减少11个，地质储量采油速度提高0.02个百分点，平均单井日产量提高0.1吨。

"双负"油藏指年度生产经营活动中利润与现金流均为负值的开发单元。治理对策是通过推进精细管理、方式转换、技术升级和生产优化，综合采取组合式、进攻性的措施。治理目标是降低完全成本，控制运行成本，最大程度控亏减亏。通过"双负"区块治理，在油价下降32.5%的情况下，负效产量仅同比增加4个百分点，有效扼制利润率及现金流指标大幅下滑。

【长停井治理】　长停井治理始终坚持与精细注水、与开发方式转变、与工程技术进步紧密结合，突出油藏整体治理，突出效益观念，不断提高治理效果。2020年，股份公司治理恢复长停油水井5026口，其中采油井4122口、注水井904口，年累计增油80万吨，恢复年注水798万立方米，油井、水井开井率同比分别提高0.8个百分点和0.2个百分点，油水井利用率进一步提升。大庆油田加大长关、低产井治理力度，结合成因分析，优化治理措施，优先治理产量高、投入少、效益好的井。治理长关井1215口，其中油井647口，当年产油12.9万吨，全油田水驱长关井总数已连续4年下降。治理低产井982口，当年增油19.4万吨。长庆油田持续开展万口油井评价挖潜工程，在综合复查、油藏研究、技术试验的基础上，实现长停井规模复查复产，三年来累计复产2379口井，日产油水平1600吨，累计增油突破100万吨。2020年复产长停井520口，年增油8万吨。长停井治理已经成为常态化、基础性的工作，为盘活闲置资产、挖掘老区潜力作出贡献。

【原油开发对标】　按照原油低成本开发和高质量加快发展根本要求，必须立足于长期低油价，持续开展开源节流降本增效，对标一流找差距促提升。2019年以来，油田开发系统开展对标工作，建立和完善宏观对标 6 个方面 16 项指标、油藏对标 5 个方面 15 项指标，初步形成油田开发对标指标体系。2020 年，在宏观对标常态化开展的同时，继续推动对标管理向油田内部纵深发展。提高标杆值，充分暴露区块间的差距和问题，突出标杆的引领示范作用；持续推进油藏对标与开发水平分级相结合，细化开发单元，重新优化指标值细化对标单元，充分展示差异，突出治理方向，通过对标分析，对 54 个开发水平降级的油藏单元制定治理措施；定期发布对标结果，依托大数据分析平台，将油田生产中产量、开井率、递减率、含水率 4 项指标分别赋予不同的权重和分值，利用综合指数法，量化反映对标主体的综合情况，每月对股份公司 358 个油田开展综合评定，展示排名靠前和排名最后的单元，并督促油田比照标杆，分析对比差异原因，制定改进措施。

【油藏动态监测】 2020 年，完成各类动态监测工作同比减少 5325 井（组）次，在受低油价影响股份公司大幅控投降本的情况下，完成年度计划。各分项完成情况如下：地层压力 33906 井次，其中采油井 25159 井次、注入井 8747 井次；油气水界面监测 152 井次；生产测井 46171 井次，其中产出剖面 4837 井次、注入剖面 28162 井次、工程测井 12372 井次、饱和度测井完成 800 井次；井间监测 787 个井组，其中干扰试井 34 个井组、井间示踪 618 个井组。

技术水平方面，全面推广应用多臂＋电磁探伤井筒完整性组合测试技术取得突出进展；通过"最优"监测技术选取，在不增加作业环节和最短占井周期的前提下，形成基于主产井温异常的快速测试识别技术；形成新的 PNN 饱和度解释新方法。提出"机器学习理论"挖掘套后饱和度测井数据的新思路，实现自主全过程应用研究等。

技术创新方面，创新形成多域渗流地球物理试井技术，研究形成多尺度时间域分析技术、试井资料类边界理念及解释方法、多井约束数值试井技术；创新形成多项监测技术协同融合的优势渗流通道测试分析技术，试井识别优势渗流通道存在，注入剖面判断具体层段，干扰试井研判渗流方向、定量评价物性参数；构建低渗透砂岩油藏压裂评价监测技术体系，初步形成低渗透油藏压裂井试井解释方法，为压裂改造效果评价增添新手段；页岩油试井测试取得阶段性进展，建立连续油管、电缆和钢丝等多手段测压工艺系列，并建立页岩油焖井过程认识手段。

【中国石油 2020 年度油气田开发年会】 2020 年 12 月 25—27 日，中国石油 2020 年度油气田开发年会在廊坊召开，全面总结"十三五"以来油气开发工作，交流经验做法，部署下一步工作。集团公司总经理、党组副书记李凡荣出席会议并强调，要进一步贯彻落实习近平总书记重要讲话和指示批示精神，认清形势、提高站位，统一思想、坚定信心，在新的发展阶段接续奋斗，主动担当作为，不断提升保障国家能源安全的能力，努力在推动集团公司高质量发展中当好主力军、做出新贡献。会上，集团公司副总经理焦方正对下步油气开发工作提出要求。股份公司副总裁李鹭光主持会议。集团公司总部各部门、纪检监察组、相关专业公司、各油气田企业、工程技术服务企业和科研机构等45家单位280人参会。

【油气田提高采收率工程推进会】　2020年10月26—27日，集团公司召开油气田提高采收率工程推进会，系统梳理提高采收率所做的工作和取得的成果，深入分析油气田提高采收率面临的挑战与潜力，对提高采收率"十四五"和2035年远景目标做出规划部署。集团公司党组成员、副总经理焦方正出席会议并讲话。

（曹　晨）

天然气开发

【概述】　2020年，天然气开发突出生产管理、产能建设和气藏评价三大关键环节，立足长庆、西南和塔里木三大气区，加强勘探开发一体化、地质工程一体化，完成各项工作任务。截至2020年底，有气田总数200个，已开发气田187个；气井总数36413口，2020年12月开井28856口，平均单井日产气1.36万立方米。

【天然气生产】　2020年，生产天然气1306.0亿立方米，同比增加118.0亿立方米，增长9.9%。其中，气层气产量1243.1亿立方米，溶解气产量62.9亿立方米。天然气商品量1181.4亿立方米，同比增加107.8亿立方米（表1-5）。

致密气。2020年产量359.8亿立方米，同比增加29.5亿立方米、增长8.9%。长庆气区致密气有生产井18324口，开井16713口，年产量332.1亿立方米。西南气区致密气有生产井665口，开井334口，年产量7.0亿立方米。煤层气公司致密气有生产井492口，开井462口，年产量16.6亿立方米。大庆气区致密气有生产井239口，开井167口，年产量2.7亿立方米。吉林气区致密气有生产井 59 口，开井 54 口，年产量 1.4 亿立方米。

表 1-5　2020 年天然气产量及商品量

油气区	天然气工业产量（亿立方米）			天然气商品量（亿立方米）		
	2020 年	2019 年	同比增减	2020 年	2019 年	同比增减
总　计	1306.0	1188.0	118.0	1181.4	1073.6	107.8
长庆气区	448.5	412.5	36.0	415.1	381.8	33.3
塔里木气区	311.0	285.5	25.5	293.2	269.2	24.0
西南气区	318.2	268.6	49.6	303.2	258.6	44.6
青海气区	64.0	64.0	0	57.4	57.4	0
大庆气区	46.6	45.5	1.1	30.9	30.1	0.8
新疆气区	30.0	29.3	0.7	7.3	5.4	1.9
煤层气公司	24.6	23.6	1.0	24.4	23.1	1.3
华北气区	15.8	14.6	1.2	15.1	13.9	1.2
浙江气区	16.1	14.4	1.7	15.6	13.9	1.7
吉林气区	10.8	10.5	0.3	8.0	7.6	0.4
其他气区	20.4	19.3	1.1	11.1	12.6	−1.5

页岩气。2020 年产量 116.2 亿立方米，同比增加 35.9 亿立方米、增长 44.7%。西南气区页岩气有生产井 774 口，开井 762 口，年产量 101.3 亿立方米。浙江气区页岩气有生产井 184 口，开井 181 口，年产量 14.9 亿立方米。

煤层气。2020 年产量 21.8 亿立方米，同比增加 1.1 亿立方米、增长 5.3%。华北气区有排采井 4009 口，产气井 3329 口，年产量 12.6 亿立方米。煤层气公司有排采井 1825 口，产气井 1797 口，年产量 8.0 亿立方米。浙江气区有排采井 449 口，产气井 430 口，年产量 1.2 亿立方米。

【天然气产能建设】　2020 年，钻井 3163 口，新建产能 301.9 亿立方米（表 1-6）。其中：苏里格气田钻井 1271 口，新建产能 70.7 亿立方米；长宁页岩气田投产 158 口井，新建产能 56.8 亿立方米；威远页岩气田投产 82 口井，新建产能 27.8 亿立方米；神木气田钻井 217 口，新建产能 10.9 亿立方米；磨溪区块高石梯震旦系气藏钻井 11 口，新建产能 20.9 亿立方米；靖边气田钻井 114 口，新建产能 8.9 亿立方米；克深气田钻井 25 口，新建产能 17 亿立方米；涩北气田钻井

170 口，新建产能 5.1 亿立方米。

表 1-6 2020 年天然气产能建设

油气区	钻井（口）			进尺（万米）			新建产能（亿立方米）		
	2020 年	2019 年	同比增减	2020 年	2019 年	同比增减	2020 年	2019 年	同比增减
总 计	3163	3402	-239	1043.4	1030.2	13.2	301.9	289.0	12.9
长庆气区	2077	2119	-42	748.9	780.6	-31.7	116.2	117.4	-1.2
塔里木气区	74	61	13	10.3	31.9	-21.6	41.3	39.7	1.6
西南气区	370	416	-46	152.3	86.7	67.6	112.6	98.2	14.4
青海气区	190	155	35	20.5	20.5	0	6.5	6.5	0
大庆油区	11	8	3	4.4	3.5	0.9	2.8	5.2	-2.4
新疆油区	6	4	2	2.6	1.8	0.8	1.1	1.0	0.1
煤层气公司	208	221	-13	59.3	34.0	25.3	8.1	3.1	5.0
华北油区	151	271	-120	26.2	32.8	-6.6	3.4	4.0	-0.6
浙江油区	27	64	-37	8.0	20.6	-12.6	7.4	8.9	-1.5
吉林油区	15	18	-3	5.8	6.3	-0.5	1.3	1.7	-0.4
其他油气区	34	65	-31	5.3	11.4	-6.1	1.3	3.2	-1.9

注：川南页岩气数据基于 2020 年第 12 期月报，2020 年钻井 327 口，进尺 148.6 万米。

致密气。2020 年钻井 2032 口，新建产能 130.9 亿立方米。长庆气区致密气钻井 1925 口，建成产能 110.8 亿立方米。西南气区致密气钻井 11 口，建成产能 4.5 亿立方米。煤层气公司致密气钻井 79 口，建成产能 14.2 亿立方米。吉林气区致密气钻井 12 口，建成产能 1.0 亿立方米。

页岩气。2020 年投产 340 口井，新建产能 95.3 亿立方米。长宁区块新投产 158 口井，建成产能 56.8 亿立方米；威远区块新投产 82 口井，建成产能 27.8 亿立方米；昭通区块新投产 61 口井，建成产能 7.3 亿立方米。截至 2020 年底，累计投产井 962 口，日均产气规模 3186 万立方米，折合年产能 105 亿立方米。

煤层气。2020 年钻井 443 口，新建产能 4.5 亿立方米。沁水煤层气田的樊庄郑庄区块进行稳产综合调整钻井 74 口，成庄和马必两个合作区块产能建设钻井 63 口，建成井口产能 1.0 亿立方米。鄂东保德煤层气区块钻完 87 口，建成井口产能 0.8 亿立方米。

【气藏评价】 常规气及致密气。完成三维地震采集处理解释 2528 平方千米；二维地震老资料处理解释 3500 千米、三维地震老资料处理解释 2900 平方千米；完钻评价井 42 口，大港莲花气田 1 口评价井因地质认识发生重大变化，未钻。以深化气藏地质认识、优选产能建设区块、落实开发可动用储量和主体开发技术为重点，部署 26 个开发评价项目，涉及探明储量 5475 亿立方米，控制储量 785 亿立方米，预测储量 3998 亿立方米。通过评价，优选产能建设区块 23 块，落实可动用储量 2809 亿立方米，预计可建产能 97.8 亿立方米。其中：长庆陇东庆探 1 区块优选有利区，预计新建产能 2 亿立方米；西南秋林地区建立沙溪庙组 8 号砂组"强亮点 + 低泊松比 + 垂直最大主应力 + 饱和加砂"地质工程一体化的高产井模式，三轮攻关水平井无阻流量从 7.7 万米³/日提高到高 214.1 万米³/日，开发井有效率 100%。塔里木克深、博孜—大北及周缘多措并举，加强资料录取分析和现场先导试验，完成博孜—大北地区 100 亿立方米开发规划方案编制，配合勘探提交探明凝析气地质储量 783.24 亿立方米，控制凝析气地质储量 610.22 亿立方米，支撑博孜 3、博孜 12、大北 9、大北 12 等区块试采方案编制。

　　页岩气。整体评价与重点评价相结合，严把地质工程方案设计，2020 年实施二维地震 200 千米、三维地震 2566 平方千米。其中，2019 年跨入项目 3 个，实施三维地震 850 平方千米，2020 年新部署项目 5 个，完成 200 千米二维地震和 1216 平方千米三维地震采集。以拓展评价、建产区评价、超深层、探明储量 4 个方面为目标，实施评价井 79 口（2019 年跨入 40 口井、2020 年新部署 39 口井）。落实泸州泸 203—阳 101—黄 202 井区深层万亿立方米储量目标区，锁定川南深层万亿立方米大气区；明确太阳南—海坝北千亿立方米储量申报区。深层拓展评价取得多点突破，宜 203 井测试获气 36 万米³/日，渝西足 203H1 平台 3 口井井均测试产量 22 万米³/日。超浅层 YQ10 井、YQ11 井、YS159 井钻遇良好页岩气显示，拓展页岩气评价领域。

【长庆气区天然气生产】　2020 年，长庆气区天然气工业产气量 448.5 亿立方米（其中气层气 446.6 亿立方米、溶解气 1.9 亿立方米），同比增加 36.0 亿立方米；天然气商品量 415.1 亿立方米，同比增加 33.3 亿立方米。钻井 2077 口，进尺 748.9 万米，新建产能 116.2 亿立方米。

　　气层气井口年产量 450.3 亿立方米、累计产量 4684.1 亿立方米，已开发气层气剩余可采储量采气速度 3.8%、储采比 26.3。

【塔里木气区天然气生产】　2020 年，塔里木气区天然气工业产量 311.0 亿立方米（其中气层气 305.7 亿立方米、溶解气 5.3 亿立方米），同比增加 25.5 亿立方米；天然气商品量 293.2 亿立方米，同比增加 24.0 亿立方米。钻井 74 口，进尺

10.3 万米，新建产能 41.3 亿立方米。

气层气井口年产量 315.4 亿立方米、累计产量 3494.3 亿立方米，已开发气层气剩余可采储量采气速度 7.0%、储采比 14.3。

【西南气区天然气生产】 2020 年，西南气区天然气工业产量 318.2 亿立方米（其中气层气 318.0 亿立方米、溶解气 0.2 亿立方米），同比增加 49.6 亿立方米；天然气商品量 303.2 亿立方米，同比增加 44.6 亿立方米。钻井 370 口，进尺152.3 万米，新建产能 112.6 亿立方米。

气层气井口年产量 325.0 亿立方米、累计产量 5090.5 亿立方米，已开发气层气剩余可采储量采气速度 4.4%、储采比 22.7。

【气田开发大调查】 2020 年 4—5 月，为落实 2019 年老气田稳产工作研讨会和油气开发年会要求，组织各油田公司开展气田开发大调查工作。气田开发大调查的主要任务是为掌握气田开发现状与开发趋势，靠实资源基础、生产能力基础，科学制定气田开发技术政策、控制递减、提高气田最终采收率，全面提升气田开发管理水平，推动天然气业务加快发展高质量发展。以动态监测资料为基础，深化对气藏储层地质特征的认识，升级气藏地质模型。调查气田储量整体动用状况和分层系动用情况，评价气田动态储量和可采储量，开展未动用储量分类评价和可动用性分析，落实剩余经济可采储量。调查气井生产状况和气井生产特征，标定气田井口生产能力和配套生产能力。对照气田开发（调整）方案，对比分析开发方案设计各项开发指标与气田实际开发指标，查找产生差距的原因。调查已开发气田剩余气分布规律、气田内部可能存在的新含气层系以及气田周边滚动扩边的资源潜力，总体评价气田开发潜力。在地下大调查基础上，科学制定气田开发技术政策，编制重点气田的稳产方案或开发调整方案，并明确气田下年度产能建设实施方案，测算下年度气田产量安排和开发指标。

【天然气开发基础年活动】 2020 年，完善管理基础，建章立制，启动"一纲六规"的修订工作，基本完成《天然气开发管理纲要》的修订。强化方案管理，强化方案的系统性、科学性、技术性和经济性，进一步规范方案审批管理要求和管理程序；从源头把控，审查优化井数 169 口，优化投资 361.8 亿元。夯实技术基础，系统梳理天然气开发九大类技术，找准技术瓶颈，组织开展提高采收率重大开发试验。强化天然气开发数据基础管理，系统梳理天然气开发数据报表，建立 5 大类 36 张表格体系，完善 A2 系统天然气开发基础数据，强化数据资料的共建共享。

（俞霁晨）

矿 权 管 理

【概述】 2020 年，面对国家开放油气勘查开采市场、全面推进矿业权竞争出让和探矿权到期延续核减证载面积 25% 等严峻形势，集团公司党组提出实施"矿权保护工程"战略部署，并明确矿权是集团公司可持续发展的核心基础。通过认真研判政策形势，以新思路、新举措、新目标为引领，紧扣创新管理、提质增效、服务现场、夯实基础等重点工作主动作为、迎难而上，按照"合理维护稳基础，内部流转提活力，依法合规护形象，竞争新区拓空间"的工作思路，完成全年矿权工作。

【矿权登记】 2020 年，中国石油探矿权数量 292 个、面积 95.8 万平方千米，同比减少 22 个、8.15 万平方千米；采矿权数量 475 个、13.19 万平方千米，同比增加 24 个、0.58 万平方千米。2020 年全国石油天然气（含煤层气）矿业权统计见表 1-7。

表 1-7　2020 年全国石油天然气（含煤层气）矿业权统计

矿权人	探矿权		采矿权		合　计	
	数量（个）	面积（平方千米）	数量（个）	面积（平方千米）	数量（个）	面积（平方千米）
中国石油	292	958169.84	475	131874.62	767	1090044.47
中国石化	186	414689.14	236	33676.11	422	448365.25
中海石油	242	1352444.81	99	7943.35	341	1360388.16
中联公司	24	13915.72	4	322.82	28	14238.53
延长石油	37	47200.16	8	848.56	45	48048.72
其　他	100	23247.74	12	725.35	112	23973.10
总　计	881	2809667.42	834	175390.81	1715	2985058.23

注：数据来自原自然资源部矿业权管理司，统计截止日期 2020 年 12 月 31 日。

【矿权年检缴费】 加强年检管理，诚信公示探矿权、采矿权年度勘查开采信息。依照自然资源部开展矿业权勘查开采信息公示工作的有关规定，统筹考虑集团公司矿权管理形势及需求，2020 年度矿权年检工作以"突出诚信自律，客观合理规范填报勘查开采信息，维护公司矿权权益"为目标，通过精心组织，克服新冠肺炎疫情影响，用时三个多月，完成 268 个探矿权、481 个采矿权区块的勘查开采信息填报与公示。2020 年度参检探矿权 268 个、面积 78.89 万平方千米中，统计用于矿权区块勘探投入的资金 410 亿元；完成法定勘查投入面积 56.58 万平方千米，未完成法定勘查投入面积 22.31 万平方千米。

加强缴费管理，履行矿业权人应尽的法定义务。按照自然资源部矿权登记要求，2020 年度探矿权、采矿权使用费按照年度分批（年度矿权发生变化领取许可证前缴纳）和集中（年度矿权无变化）两种缴纳方式，缴纳 6.89 亿元，其中分批缴纳 3.99 亿元、集中缴纳 2.9 亿元。

【矿权改革】 认真研判新政要义，超前组织制定矿权保护措施。自 2019 年 12 月 31 日自然资源部发布《关于推进矿产资源管理改革若干事项的意见（试行）》后，结合集团公司矿权登记状况和勘探生产实际，及时组织相关部门和人员解读新政要义、研判新政要点、精准查找问题、明确应对挑战、制定应对措施，在此基础上提出"打赢矿权保卫战，力保优质探矿权不丢；加快探转采，实现采矿权面积倍增"的总体工作目标。

顺应国家油气矿权改革，创新管理推进落实"矿权保护工程"。自 2020 年 5 月 1 日自然资源部开始实施《关于推进矿产资源管理改革若干事项的意见（试行）》以来，为应对现有探矿权到期延续核减证载面积的 25%、油气探矿权内发现可供开采的油气资源 5 年内完成探转采等重大挑战，集团公司党组适时提出"矿权保护工程"战略部署。

做好国家油气矿权改革新政的宣贯培训。克服新冠肺炎疫情影响，采取线上线下并行方式，举办矿权管理高级班 1 期，实现统一思想认识、明确工作方向、提升业务能力的工作目标。

做好矿权管理和技术支持架构的建设。勘探院组建矿权与储量研究中心，实行勘探院主管领导全面负责、首席专家具体实施的一体化组织管理；各地区公司由总经理或主管副总经理担任矿权领导小组组长或矿权管理委员会主任，集团公司上下在重视程度、管理提升、评价组织等方面持续加强。

建立矿权、储量与勘探部署的联动机制。顺应国家矿业改革发展，结合集团公司实际及时推行"摊大饼、烙新饼、做甜饼"的勘探生产经营理念，最大限度加快资源探明、加快探转采，快速实现扩展采矿权面积、保护优质矿权的总体工作目标。

健全矿权内部动态配置机制。考虑地区公司实现扭亏解困和长远发展双重因素，研究建立矿权内部配置项目池制度，加大矿权内部流转力度，最大限度发挥集团公司人才、技术和队伍整体优势。

创新建立严密的探矿权核减面积管理流程。矿权作为集团公司可持续发展的核心基础，按照新政策、新要求，优化核减方案、确保优质矿权不丢成为新时期一项重要的常态化工作。为此，针对探矿权核减工作，地区公司通过勘探动态跟踪和区块滚动评价科学编制核减预案，勘探开发研究院发挥统筹谋划和综合评估技术优势汇总论证核减预案，勘探与生产分公司立足沟通协调和决策引领职责认真审查核减预案并呈报集团公司管理层审批，确保科学合理、依据充分，不留遗憾。

矿权内部流转区块持续取得勘探进展，采取区块优化配置举措进一步盘活矿权资源。集团公司 2017 年、2018 年连续实施两批矿权内部流转以来，打破矿权"画地为牢"固有格局，激发流转区块勘探活力，2020 年油气勘探持续取得新进展。其中，华北油田公司河套盆地勘探尤为显著，盆地北部临华 1 井、兴华 1 井再获高产油气流，呈现"满盆含油"的大好格局；大庆油田公司在四川盆地川渝地区下二叠统勘探获重大发现；吐哈油田公司在准噶尔盆地准东石钱滩凹陷石炭系常规油气藏勘探取得重要进展；玉门油田公司在环庆流转区侏罗系取得新发现，新增探明石油地质储量 1304 万吨。

为落实集团公司领导现场调研指示精神，支持困难企业可持续发展，2020 年将长庆油田位于黄河以东的 6 个区块、面积 195 平方千米划转给煤层气公司，李庄子—火山子区块、面积 1600 平方千米配置给玉门油田公司，进一步推动集团公司矿权、资源、技术、人才共享。为实现流转区块高效勘探和低成本开发提供制度保障，建立流转区块季报与考核评价机制，制定差异化考核指标，推进流转区块管理上水平、经营见实效。

【合规管理】 强化开采管理，按期完成探矿权内已开采资源开采报告工作。按照自然资源部《关于推进矿产资源管理改革若干事项的意见（试行）》文件精神和自然资源部要求，深入理解"探采合一"政策，配合自然资源部组织研讨设计发现可供开采油气资源开采报告简表，并全面组织摸排开采报告区块情况，按期完成 2020 年 5 月 1 日前 472 个已开采区块的申报工作，确保探矿权内油气资源依法合规开采。在此基础上，根据勘探生产实际又陆续申报 36 个开采报告区块，均已取得开采报告回执。

强化诚信管理，跟踪督办限期整改的 104 个探矿权已探明储量转采工作。2019 年 10 月经自然资源部确认，104 个探矿权内有油气探明储量，总面积 41.82 万平方千米，要求必须在 2 年内对已探明储量完成采矿权登记。其中，前期已申报但审批搁置（过期）79 个、面积 28.12 万平方千米；2020 年到期 17 个、2021 年及以后到期 14 个，合计 31 个、面积 13.72 万平方千米。除陕北 2 个区块因特殊情况暂时搁置之外，其余 102 个探矿权已正常办理延续登记。按照自然资源部限期 2 年内完成整改要求，建立 104 个探矿权转采进展月报跟踪落实制，加快探转采进程。截至 2020 年底，已申报 87 个采矿权区块，其中 15 个获批复。

强化核减管理，实现有效保护优质矿权资源的工作目标。按照自然资源部《关于推进矿产资源管理改革若干事项的意见（试行）》文件精神和自然资源部要求，2020 年到期延续探矿权应核减面积 4.2 万平方千米。为最大限度保护优质矿权，根据 2020 年到期延续探矿权登记状况和核减工作实际，通过合理使用已退减保护地抵扣政策，经与自然资源部沟通核算可少核减探矿权面积 1.1 万平方千米（占 2020 年应核减探矿权面积的 26%），即 2020 年实际核减探矿权面积 3.1 万平方千米，有效减轻年度核减探矿权面积压力。在此基础上，针对 2020 年度 3.1 万平方千米实际核减探矿权面积，依托地质评价兼顾同盆地注销置换核减面积等有利政策，按照地区公司编制核减预案、勘探开发研究院汇总论证核减预案、勘探与生产分公司组织审查核减预案并呈报集团公司核减方案获得审批实施的管理流程，主要核减地面施工难度大、地下勘探潜力有限等区域，探矿权质量得以进一步优化。2020 年到期延续探矿权核减面积预案编制实施，既为集团公司上游业务实现高质量发展保护优质矿权资源，也为后续科学有效开展年度矿权核减工作积累经验。

强化移出管理，实现异常名录区块及时"清零"的工作目标。2019 年自然资源部将集团公司呼伦湖、珲春、满东、满加尔、英吉苏北、英吉苏西、英吉苏东、朝阳川、延吉东和赫尔洪德等 10 个探矿权区块列入勘查开采信息公示异常名录。按照工作要求，组织地区公司强化维护企业良好形象，加大移出异常名录整改工作的协调督办力度。其中，朝阳川、延吉东和赫尔洪德区块在对接自然资源部 2020 年现场督察中，充分利用 2019 年度满足法定勘查投入实际情况，加强现场督察沟通协调，取得拟移出异常名录的督察结论，为移出工作提供保障。呼伦湖、珲春、满东、满加尔、英吉苏北、英吉苏西和英吉苏东区块因地质条件差、勘探潜力有限等进行注销矿权并获批复，具备移出条件。为此，2020 年 11 月 15 日经向自然资源部递交移出异常名录申请函，得到全部移出异常名录的批复，实现异常名录区块"清零"的工作目标。

（王玉山　曾少华）

储 量 管 理

【概述】 2020 年，储量管理按照集团公司总体工作部署要求，围绕提质增效专项工作方案，落实储量管理理念转变，加快完善以经济可采储量为核心的储量管理和技术评价体系，严把新增储量入口关，推动精细化储量管理，加强 SEC 储量评估，提升储量资产价值创造能力，在满足国家和资本市场储量管理要求的同时，全面完成集团公司 2020 年度储量工作目标和业绩指标。集团公司储量管理主要包括新增三级储量、探明储量复（核）算，已开发可采储量标定，储量分类评价和 SEC 证实储量以及储量数据信息管理，标准体系制定。

【新增探明储量及特点】 2020 年，新增探明石油地质储量 86036.40 万吨、技术可采储量 12668.63 万吨，其中已开发地质储量 23230.77 万吨、未开发地储量 62805.63 万吨；新增溶解气地质储量 560.84 亿立方米，技术可采储量 81.73 亿立方米。新增探明地质储量大于 1 亿吨的油田 2 个，为鄂尔多斯盆地的庆城油田和准噶尔盆地的昌吉油田。截至 2020 年底，累计探明石油地质储量 2578299.20 万吨，技术可采储量 16269.25 万吨，剩余技术可采储量 224026.83 万吨，其中已开发地质储量 1990028.37 万吨、未开发地质储量 588270.83 万吨。

新增探明气层气地质储量 5810.27 亿立方米，技术可采储量 2976.11 亿立方米，凝析油地质储量 1216.56 万吨，技术可采储量 421.42 万吨。新增探明地质储量规模为大型的气田有 4 个，为塔里木盆地的克拉苏和中秋气田、鄂尔多斯盆地的苏里格气田、四川盆地的安岳气田。截至 2020 年底，累计探明气层气地质储量 104429.97 亿立方米，技术可采储量 59126.75 亿立方米，剩余技术可采储量 43984.87 亿立方米，其中已开发地质储量 71618.48 亿立方米、未开发地质储量 32811.49 亿立方米。

2020 年度无新增页岩气探明储量。截至 2020 年底，累计探明页岩气地质储量 10610.46 亿立方米，技术可采储量 2560.54 亿立方米，剩余技术可采储量 2247.94 亿立方米，其中已开发地质储量 2784.33 亿立方米、未开发地质储量 7826.13 亿立方米。

新增探明煤层气地质储量 673.13 亿立方米，技术可采储量 336.58 亿立方米。截至 2020 年底，累计探明煤层气地质储量 4683.79 亿立方米，技术可采储量 2295.40 亿立方米，剩余技术可采储量 2144.69 亿立方米，其中已开发地质储量 844.12 亿立方米、未开发地质储量 3839.67 亿立方米。

新增探明石油地质储量连续十五年超过 6 亿吨，创股份公司上市以来新高；新增探明天然气地质储量连续十四年超过 4000 亿立方米，仍持续高位增长。相关油气田企业在流转矿权内积极作为，矿权流转效果全面显现。华北、辽河、玉门等油田在流转矿权内新增探明石油地质储量 3280 万吨。储量管理与矿权管理密切结合，优先在探矿区内提交探明储量得到体现，在探矿权内提交石油、天然气探明储量地质储量分别为 46910 万吨和 6873 亿立方米，占新增油气探明储量的 45% 和 98%。非常规页岩油、致密油储量有规模潜力，是今后增储上产的重要领域。新增探明页岩油地质储量 27111 万吨，新增探明致密油地质储量 3554 万吨，页岩油、致密油探明储量占新增储量的 36.1%。中西部油区新增油气储量占绝对主体，是集团公司未来增储上产的主力战场。中西部的鄂尔多斯盆地、塔里木盆地、准噶尔盆地和四川盆地新增探明石油天然气储量分别占比 77% 和 99%。东部老区松辽探区和渤海湾探区几家石油公司完成新增储量计划指标的难度很大，新增储量品质较差，新增储量分布零散、计算单元多、储量规模小、产能较低。地区间储量增长不平衡，中西部是增储主战场，石油占总新增探明储量的 79.2%，天然气占总新增探明储量的 98.2%，东部地区新增储量规模小，后备资源相对不足。原油探明储量整体储层物性差、特低渗透及低渗透储量（小于 10 毫达西）占比 79%，采收率持续下降，平均采收率 14.7%；天然气探明储量中渗透率小于 10 毫达西储量占 100%。

【可采储量标定结果】 2020 年，新区动用石油地质储量 61893.26 万吨，技术可采储量 10153.63 万吨；老区增加技术可采储量 1385.25 万吨。

截至 2020 年底，已开发油田 320 个，比 2019 年增加新投入开发油田 8 个，实际标定原油已开发地质储量 2058760.07 万吨，技术可采储量 603577.62 万吨，平均采收率 29.3%，剩余技术可采储量 136714.89 万吨。

新区动用气层气地质储量 6569.59 亿立方米，技术可采储量 3446.63 亿立方米；老区减少技术可采储量 160.81 亿立方米。

已开发气田 187 个，比 2019 年增加新投入开发气田 3 个，实际标定气层气已开发地质储量 74976.22 亿立方米，技术可采储量 43545.26 亿立方米，平均采收率 58.1%，剩余技术可采储量 28519.23 亿立方米。

新区动用页岩气地质储量 110.74 亿立方米，技术可采储量 27.68 亿立方米。

已开发页岩气田 2 个，实际标定页岩气已开发地质储量 2784.33 亿立方米，技术可采储量 671.99 亿立方米，平均采收率 24.1%，剩余技术可采储量 510.25

亿立方米。

新区动用煤层气地质储量 144.96 亿立方米，技术可采储量 72.30 亿立方米。

已开发煤层气田 4 个，实际标定煤层气已开发地质储量 844.12 亿立方米，技术可采储量 385.58 亿立方米，平均采收率 45.7%，剩余技术可采储量 271.08 亿立方米。

【SEC 证实储量】 2020 年，国内上游业务总证实石油储量 58823 万吨，其中证实已开发储量 53599 万吨、证实未开发储量 5224 万吨。SEC 证实石油储量变化因素：受新增储量品位变差、油价下降等影响修正核减证实储量 24335 万吨；扩边与新发现新增证实储量 3878 万吨，老区提高采收率新增证实储量 1470 万吨。国内上游业务石油储量接替率 –1.88，储采比 5.82。

2020 年，国内上游业务总证实天然气储量 21180 亿立方米，其中证实已开发储量 11535 亿立方米、证实未开发储量 9645 亿立方米。SEC 证实天然气储量变化因素：受天然气价格、成本等影响修正核减证实储量 183 亿立方米；扩边与新发现新增证实储量 1388 亿立方米。国内上游业务天然气储量接替率 1.07，储采比 17.73。

【储量管理改革】 2020 年，全面落实储量管理理念转变，突出效益增储，树立储量是油气业务可持续发展的基础和公司核心资产的理念。新增探明储量以经济可采储量为核心，以地质和技术可采储量为基础，提高储量可动用性，优先在探矿权内提交探明储量；突出依法合规管理，对事实已开发的储量要求全部申报新增探明储量；无近 3 年开发动用计划的储量原则不申报探明储量；新增探明储量评价要充分结合开发建产需求，开展单井经济性评价。

形成矿权储量联动机制，每月召开一次碰头会，结合特殊项目清单开展全面排查，形成到期预警制度。严把新增储量入口关，突出储量审查与矿权维护的紧密结合；执行页岩油、页岩气储量独立审查制度。

2020 年，SEC 储量评估克服油价暴跌和新冠肺炎疫情影响，按照"合规增储"及"应评尽评、应增尽增、应转尽转、应保尽保"的工作思路，细化增储方案、全面动员宣贯、加强过程支持、落实两级审查，压实层级责任，精心安排组织，专业间深度融合，降本增效成果显著。

【储量管理体系】 2020 年，不断推动储量管理理念转变，继续完善储量管理和技术评价体系建设，编写完成《中石油特色储量管理与评价体系建设报告》，组织修订《勘探与生产分公司储量管理委员会章程》。

为适应储量内控管理要求，强化和指导半年及年度 SEC 储量独立自评估工作，开展 Q/SY 01182—2020《SEC 准则油气证实储量自评估指南》企业标准修订。

为进一步规范石油天然气经济可采储量评价工作，借鉴国际先进储量评价理念和经验，发布 Q/SY 01180—2020《石油天然气经济可采储量评价规范》企业标准。

参与勘探开发梦想云平台建设，促进 SEC 储量管理系统云化运行，重点建设"未动用储量分类评价工作室"，实现分类评价结果汇总和油价等敏感性分析；全面应用"SEC 储量经济评价工作室"，实现半年、年度资料及数据平台管理。

为提高储量研究水平和报告编写质量，2020 年 12 月 22 日，下发《石油天然气探明储量复算报告编写要求》。

【新增探明石油地质储量大于 1 亿吨的油田】 2020 年，新增石油探明地质储量 62 个油田，其中新命名的油田 3 个（合道、正宁和莲花），新增探明石油地质储量大于 1 亿吨的油田 2 个（庆城、昌吉）。

庆城油田。2020 年 12 月 12—13 日，自然资源部油气储量评审办公室评审通过庆城油田宁平 1 区块三叠系延长组长 7 油藏新增含油面积 278.52 平方千米，原油探明地质储量 14320.99 万吨，技术可采储量 1498.13 万吨。

该油藏构造上处于鄂尔多斯盆地伊陕斜坡西南部，为一西倾的平缓单斜。长 7-1、长 7-2 油层主要为半深湖—深湖重力流沉积；储层岩性为细粒岩屑长石砂岩和长石岩屑砂岩，储集空间类型以长石溶孔为主；有效储层孔隙度中值 8.1%，渗透率中值 0.06 毫达西，属于特低孔隙度、致密储层。油藏埋深 1309—1882 米，为弹性溶解气驱的岩性油藏。

昌吉油田。2020 年 11 月 21—22 日，自然资源部油气储量评审办公室评审通过昌吉油田吉 305 区块二叠系芦草沟组新增含油面积 111.53 平方千米，原油探明地质储量 12756.25 万吨，技术可采储量 1339.41 万吨。

吉 305 区块构造上处于准噶尔盆地吉木萨尔凹陷，区域构成为东高西低、东陡西缓的单斜。二叠系芦草沟组二段和一段，主要发育咸化湖泊背景下的滨浅湖滩坝沉积；储层岩性主要为粉细砂岩、云质粉砂岩、砂屑云岩、泥晶云岩和含黄铁矿粉砂岩，储集空间类型为剩余粒间孔、粒间溶孔和粒内溶孔，并发育少量裂缝；有效储层孔隙度中值 9.47%，渗透率中值 0.03 毫达西，属于特低孔隙度、致密储层。油藏埋深 2250—4295 米，为弹性驱动和溶解气驱的岩性油藏。

【新增探明天然气地质储量规模为大型的气田】 2020 年，新增探明天然气（含煤层气）地质储量 12 个气田，其中新命名的气田 2 个（中秋、金秋），新增探明天然气地质储量规模为大型的气田有 6 个（克拉苏、安岳、苏里格、中秋气田、沁水和鄂东煤层气田）。

克拉苏气田。2020 年 10 月 20—21 日和 12 月 15—16 日，自然资源部油气储量评审办公室评审通过克拉苏气田克深 13 井区、克深 14 井区、克深 11 井区、大北 11 井区、大北 12 井区、博孜 3 井区气藏白垩系巴什基奇克组—巴西改组及克深 10 白垩系巴什基奇克组气藏新增叠合含气面积 175.41 平方千米，天然气探明地质储量 2095.92 亿立方米，技术可采储量 1064.80 亿立方米。该气藏构造处于塔里木盆地库车坳陷克拉苏构造带克深断裂构造带克深段及大北段。白垩系巴什基奇克组和巴西改组，主要发育辫状河（扇）三角洲前缘沉积；巴什基奇克组储层岩性主要为细粒、中粒岩屑长石砂岩，储集空间类型以粒间孔为主，有效储层孔隙度中值 5.6%，渗透率中值 0.158 毫达西，属于特低孔隙度、特低渗透储层；巴西改组储层岩性主要为细粒岩屑砂岩，储集空间类型以粒间孔为主，有效储层孔隙度中值 5.3%，渗透率中值 0.205 毫达西，属于特低孔隙度、特低渗透储层。气藏埋深 5323—7665 米，为边底水构造气藏。

安岳气田。2020 年 12 月 28—29 日，自然资源部油气储量评审办公室评审通过安岳气田高石 18 井区震旦系灯影组四段新增含气面积 329.77 平方千米，天然气探明地质储量 917.37 亿立方米，技术可采储量 580.69 亿立方米。高石 18 井区位于高石梯构造东斜坡。震旦系灯影组四段为碳酸盐岩台地沉积，储层主要发育于藻丘与颗粒滩亚相；储层岩性以藻凝块云岩、藻叠层云岩、藻纹层云岩、砂屑云岩为主，储集空间类型以粒间溶孔、晶间孔、粒内溶孔为主，溶洞发育，局部发育微裂缝；有效储层孔隙度中值 3.25%，渗透率中值 0.306 毫达西，属于低孔隙度、特低渗透储层。气藏埋深 5099—5564 米，为弹性气驱的构造—地层气藏。

苏里格气田。2020 年 12 月 22—23 日，自然资源部油气储量评审办公室评审通过苏里格气田西一区苏 40 区块二叠系下石盒子组盒 8 气藏新增含气面积 1122.10 平方千米，天然气探明地质储量 838.27 亿立方米，技术可采储量 419.14 亿立方米。该气藏构造上处于鄂尔多斯盆地天环坳陷和伊陕斜坡两个构造单元过渡带，其中东部宽缓，西部较陡。盒 8 气藏北部为三角洲平原相，向南相变为三角洲前缘相；储层岩性主要为中—粗粒、粗粒石英砂岩、岩屑石英砂岩、岩屑砂岩，储集空间类型以粒间孔为主；有效储层孔隙度中值 8.5%，渗透率中值 0.307 毫达西，属于特低孔隙度、特低渗透储层。气藏埋深 3601—3891 米，为弹性驱动的岩性气藏。

中秋气田。2020 年 10 月 20—21 日，自然资源部油气储量评审办公室评审通过中秋气田中秋 1 井区白垩系巴什基奇克组新增含气面积 27.86 平方千米，天然气探明地质储量 593.68 亿立方米，技术可采储量 296.84 亿立方米。中秋 1 井区构造上处于塔里木盆地库车坳陷秋里塔格构造带中秋—东秋段，为一受南北两侧逆冲断裂夹持的背斜构造。白垩系巴什基奇克组，主要为辫状河三角洲前缘沉积；储层岩性主要为细—中粒褐色岩屑长石砂岩，储集空间类型以原生粒间孔为主；有效储层孔隙度中值 12.3%，渗透率中值 1.590 毫达西，属于低孔隙度、低渗透储层。气藏埋深 6000—6300 米，为构造性气藏。

沁水煤层气田。2020 年 9 月 27—28 日，自然资源部油气储量评审办公室评审通过沁水煤层气田马必东区块马 58 井区、沁南东区块沁 18-29 井区、古 4-1x 井区二叠系山西组（P_1s）3 号煤层，安泽区块安 13 井区二叠系山西组（P_1s）3 号煤层、石炭系太原组（C_3t）15 号煤层新增煤层气含气面积 205.0 平方千米，煤层气探明地质储量 357.91 亿立方米，技术可采储量 178.96 亿立方米。马必东、安泽区块处于沁水盆地南端西斜坡，沁南东区块处于沁水盆地南端东斜坡，构造形态为单斜。地层平缓，倾角 3—5 度，断层稀少，构造复杂程度属于简单型。山西组 3 号煤层厚度 5.25—7.1 米，平均厚度 6.0 米；太原组 15 号煤层厚度 3.8—5.55 米，平均厚度 5.5 米。3 号煤层煤心孔隙度中值 4.77%，15 号煤层煤心孔隙度中值 5.59%。3 号煤层渗透率中值 0.05 毫达西，15 号煤层渗透率中值 0.013 毫达西，均属于低渗透煤层。马必东区块 3 号煤层埋深 1050—1400 米；安泽区块 3 号煤层埋深 600—1500 米，15 号煤层埋深 700—1300 米，总体变化趋势是由西向东埋深加大。沁南东区块 3 号煤层埋深 600—900 米，总体变化趋势是由东向西埋深加大。

鄂东煤层气田。2020 年 9 月 27—28 日，自然资源部油气储量评审办公室评审通过鄂东煤层气田石楼北区块中 1—中 2 井区二叠系下统山西组 3+4+5 号煤层和太原组 8+9 号煤层煤层气新增探明含气面积 171.91 平方千米，煤层气探明地质储量 315.22 亿立方米，技术可采储量 157.61 亿立方米。石楼北区块处于鄂尔多斯盆地东缘晋西挠褶带中段与伊陕斜坡东南缘，申报区构造形态为一平缓的单斜。区内主力煤层总体呈南西倾的单斜，地层平缓，地层倾角 1—5 度，断层不发育，申报区构造属简单类。山西组 3+4+5 号煤层、太原组 8+9 号煤层分布稳定，连续性好，3+4+5 号煤层净厚度 2.18—6.63 米，平均厚度 3.66 米；8+9 号煤层净厚度 3.80—8.80 米，平均厚度 6.72 米。储层孔隙度中值 3.17%，渗透率中值 0.97 毫达西，属于低孔隙度、低渗透储层。煤层气藏埋深 400—1100 米。

（张亚庆）

油 藏 评 价

【概述】 2020 年，油藏评价和新区原油产能建设落实提质增效专项行动方案，油藏评价按照"三坚持、五突出"原则，推进规模储量集中评价和中浅层效益储量评价，实现新增探明储量规模与效益双提升；新区原油产能建设强化方案优化、技术攻关、模式创新和示范引领，推广大井丛、工厂化建产模式，拓展水平井规模应用，推进效益建产示范工程，努力实现达标建产和效益建产。

【新增探明储量】 2020 年，新增探明石油地质储量 86036 万吨，可采储量 12669 万吨，其中已开发储量 23231 万吨，占年度新增探明石油地质储量的 27%。新增探明储量中渗透率小于 1 毫达西的低—特低渗透储量 41626 万吨，占新增探明储量的 48%，较 2019 年降低 24 个百分点。

【油藏评价主要成果】 2020 年，长庆持续深化侏罗系油藏成藏理论研究，强化三维地震部署及应用，井震结合开展古地貌及低幅构造精细刻画，新获工业油流井 114 口，老井复查试油获工业油流井 27 口，长 3 油层以上及侏罗系中浅层探明地质储量 10371 万吨，建产能 124 万吨。长庆陇东地区长 8 油层立足宏观沉积体系研究和微观孔喉定量评价，开展储量升级评价，获工业油流井 37 口，其中日产 20 吨以上井 14 口，长 8-1 油层探明地质储量 7707 万吨，其中华庆地区探明储量 5646 万吨、彭阳地区探明储量 2061 万吨。庆城页岩油持续开展先导开发试验，明确页岩油水平井长水平段＋体积压裂开发主体技术。继 2019 年探明储量 3.58 亿吨后，在合水南探明储量 1.43 亿吨，累计探明储量 5.01 亿吨，2020 年原油产量 95.6 万吨，建成百万吨页岩油开发示范区。

塔里木明确哈拉哈塘地区碳酸盐岩断控岩溶区深大断裂沟通油源、垂向运聚、大面积成藏的控藏模式，形成"定区、定段、定井、定型"井位部署技术和方法。跃满西区块投产井 14 口，平均单井日产油 128 吨，探明储量 1645 万吨。齐古 1- 哈 15-13 井区累计完钻井 25 口，试采井 18 口，探明储量 1016 万吨。

新疆吉木萨尔芦草沟组页岩油精细"甜点"识别与分类评价，评价产能一体化，实施直井＋导眼井 37 口，水平井 51 口，单井日产油 14.7—52.2 吨。探明地质储量 1.28 亿吨，累计探明地质储量 1.53 亿吨。新疆玛湖地区玛湖 1 井区突出百口泉组规模储量集中评价，累计完钻评价井 25 口，试油均获工业油流，水平井开发试验取得初步成效，探明地质储量 3881 万吨。玛南斜坡区强化三叠系克拉玛依组、白碱滩组及侏罗系三工河组中浅层效益储量评价，通过老井复查复试、新井钻探评价，探明地质储量 1619 万吨，已建成产能 26 万吨。

华北束鹿凹陷西斜坡深化新近—古近系地层超覆油藏评价，累计完钻评价井 10 口，平均单井钻遇油层 50.2 米，完钻开发井 24 口，平均单井钻遇油层 66.2 米，东营组、沙一上段探明地质储量 1342 万吨。冀东高尚堡持续开展低渗透—特低渗透油藏压裂提产攻关试验，高 124×3 井压裂加砂 146 立方米，总液量 3403 立方米，初期日产油 11.89 吨、日产气 1221 立方米；先导开发试验水平井高 32—平 2 井投产初期平均日产油 14.8 吨，自喷 90 天，累计产油 2576 吨，探明地质储量 1229 万吨。

吉林集中评价乾安地区扶余油层致密油，外扩区提产试验获突破，乾 246 平 1-22 井压裂后自喷生产 189 天，平均日产油 9.17 吨，累计产油 1734 吨，让字井区块致密油探明地质储量 3231 万吨。致密油累计探明地质储量 1.18 亿吨。

大庆龙虎泡地区开展多层系立体评价，扶余油层 20 口井压裂后试油，均获工业油流，探明地质储量 2395 万吨。萨尔图、葡萄花油层试油 14 口，老井复查试油井 16 口，获工业油井 20 口，探明地质储量 572 万吨。

【油藏评价管理】 坚持效益增储，严格审查评价部署方案。2020 年，以函审方式审查 14 家油田公司年度油藏评价项目部署方案，落实提质增效专项行动方案，按照"三个坚持、五个突出"部署思路，减投资不减或少减工作量，持续优化部署。突出中浅层效益储量评价和规模储量集中评价；推动开发前期评价，加大水平井部署力度；加强老井复查，以试代钻，降低评价投资；加强探矿权内探明储量评价，最大限度保护矿权。突出 4 个评价，超额完成探明储量任务。规模储量集中评价探明储量 4.74 亿吨；中浅层效益评价探明储量 2.1 亿吨；非常规资源进攻性评价，探明页岩油储量 2.7 亿吨；矿权流转区块评价探明储量 3280 万吨。

总结交流成果，组织三维地震成效分析会。2020 年 7 月 27—28 日组织专题会议，对长庆、新疆、塔里木、青海等油田油藏评价三维地震成效进行总结分析，并对 2021 年三维地震部署进行初步论证。推动三维地震部署和应用，提升三维地震在井位部署、储量提交、产能建设中的作用。

【新区原油产能建设】 2020 年，动用石油地质储量 44243 万吨，可采储量 7219 万吨，完钻开发井 4404 口，投产油井 3754 口，投转注水井 1128 口，平均单井日产油 6.1 吨，建成产能 758.5 万吨。完钻水平井 1320 口，平均水平段 807 米，投产油井 834 口，平均单井日产油 10.2 吨。

【新区原油产能建设管理】 细化专项行动方案，落实提质增效具体措施。（1）按照效益优先原则，调整优化新区产能建设结构。大幅减少非常规、低渗透、深层等投资高、效益差项目，增加中浅层高效产建项目。2020 年调减开发井 4862 口，调减产能 576 万吨。（2）全过程全要素控投降本。通过高效率现场组织，钻井提速、压裂提效，实施工程总承包、扩大市场化等多项措施，节约投资 40.9 亿元。（3）全面推广大井丛布井。实施丛式井 5481 口，节约土地 1.38 万亩，节约征借地、道路等工程投资约 6.4 亿元。（4）扩大水平井应用规模，力争少井高产。完钻水平井 1320 口，平均单井日产量 10.2 吨，同比提高 15%。体积压裂水平井应用从非常规拓展到超低渗透，占全部水平井的 43%。

强化源头控制，组织审查庆城长 7 页岩油 300 万吨整体开发方案、玛湖地区 500 万吨原油开发方案、富满油田跃满区块奥陶系油藏开发方案等 3 个重点项目开发方案和富满油田奥陶系碳酸盐岩油藏开发规划方案。编制 2020—2025 年效益建产专项行动方案。以油价 45 美元/桶评价，新建产能项目整体有效益为目标，重点强化 5 个方面工作：（1）强化源头控制，持续优化方案指标、确保效益。（2）强化技术进步，着力推进三维地震、水平井、体积压裂、提高采收率技术的创新升级，提高单产。（3）强化模式优选，大力推广大井丛、工厂化集约建产模式，带动油田开发方式、方案设计思路、建设组织模式、生产管理方式的变革。（4）强化示范引领，总结推广效益建产示范工程的经验成果，持续推进技术进步和管理创新。（5）强化效率提升，优化组织，缩短建设周期，降低建设成本。制定大井丛建产工作方案，以大井丛建产创新实践，引领效益建产新理念，推动技术和管理创新。立足长庆长 7 页岩油、华庆低渗透，新疆玛湖地区、吉木萨尔页岩油，东部老区，松辽致密油 6 个重点地区，加强大井丛部署论证和整体优化，推广平台化全生命周期管理，优化大井丛平台工程方案设计，提高大中型大井丛平台比例，推动平台精细化施工管理，推行大井丛平台地面标准化建设，制定大井丛建设技术标准及规范，推动工程技术服务市场化。落实加快发展方案，组织编制非常规专题规划。"十三五"以来，页岩油、致密油等非常规资源逐渐成为新增探明储量和原油产能建设的主体，立足现有资源禀赋，在系统分析页岩油和致密油开发形势、资源基础、发展潜力和面临挑战的基础上，充分论证产能、产量和效益指标，编制页岩油和致密油"十四五"发展规划。加强示范引领，推广效益建产示范区经验。2018 年设立大庆塔 21-4 区块致密油等 4 个效益建产示范区，突出效益导向，以产量、投资、成本三个效益主控因素作为集中攻关方向和施力点，如期实现低油价下达标建产。推广效益建产示范区的成功经验，尤其是大井丛、多层系、多井型、立体式、工厂化效益建产模式，大庆塔21–4致密油效益开发"龙西模式"；长庆页岩油平台化生产组织、工厂化施工作业、全生命周期项目管理的开发管理模式。依靠理念变革、技术进步、管理创新，超低渗透和非常规"不可动"资源能够经济动用。

【重点项目实施效果】 塔里木富满油田坚持"正地貌＋主干断裂＋长串珠"高效井部署原则，实现快速高效建产。完钻井37口，试油百吨井占比65%，投产高效井比例72%，年产油154万吨。其中，富源210断裂带完试9口井，试油平均单井日产油149吨，建成产能16万吨。

长庆庆城油田长7页岩油开发示范区完钻水平井98口，平均水平段1679米，投产34口井，5口井投产满三个月，初期单井日产油15.2吨。示范区累计完钻水平井360口，已建产能184万吨，2020年原油产量96.4万吨。

新疆玛湖地区推广水平井体积压裂开发方式，动用地质储量5128万吨，完钻井282口，其中水平井250口，投产油井258口，平均单井日产油23.8吨，建产能201万吨。新疆吉木萨尔持续完善储层"甜点"分类评价、水平井轨迹跟踪调控、段内多簇压裂开发技术，完钻水平井10口，投产水平井35口，平均日产油24.6吨。累计投产油井88口，建成产能81万吨，2020年产油30.5万吨。

吐哈三塘湖盆地页岩油储量攻关试验，马1块芦草沟组页岩油马L1–3H试验区完钻水平井7口，投产6口井，初期平均日产油9.5吨，有效提高三塘湖建产效果。

华北吉兰泰增储建产快速推进，完钻开发井76口，累计探明地质储量3630万吨，完钻开发井126口，投产油井66口，平均单井日产油11.2吨，建产能34.9万吨。

大庆塔21–4区块开展效益建产试验，配套完善致密油缝网压裂开发技术，探索效益建产新机制。完钻井198口，完成212口井压裂，初期单井日产油3.6吨，建成产能20.4万吨。

辽河双229区块扩展评价东营组与沙二段，评价与建产同步实施，探明地质储量753万吨，完钻新井28口，平均单井日产油24吨，新建产能22.3万吨。其中，沙二段实施评价井、开发井16口，获日产百吨井4口，日产30吨以上井10口，探明地质储量567万吨。吉林乾安致密油完钻水平井43口，平均水平段1260米，投产38口井，平均单井日产油9.8吨，新建产能11.7万吨。

（邢厚松）

采 油 工 程

【概述】 2020 年，采油采气工程系统认真贯彻集团公司"有质量、有效益、可持续发展"的整体要求，推进采油采气技术进步，促进管理创新，抓好安全作业和清洁生产，为油气勘探发现、原油产量稳定和天然气业务快速发展提供有力的保障和支撑。

【井下作业】 2020，年井下作业总工作量 204016 井次，其中维护作业 127464 井次、增产增注措施 60531 井次、大修 3571 口井、其他 12450 井次（表 1–8）。

表 1–8 2020 年井下作业主要指标

年 度	总工作量 （井次）	单井年作业 次数 （井次/口）	维护工作量 （井次）	年维护次数 （井次/口）	油水井措施 （井次）	大修 （口）	其他 （井次）
2020 年	204016	0.606	127464	0.379	60531	3571	12450
2019 年	225343	0.672	139238	0.415	68852	3995	13258
同比增减	–21327	–0.066	–11774	–0.036	–8321	–424	–808

先进成熟技术规模推广应用。持续推进带压作业规模应用，2020 年实施带压作业 6310 口井，减少注入水排放 424.9 万立方米，提前恢复注水 554.1 万立方米，增产原油 23.8 万吨，增产天然气 26.4 万立方米，创效 6.2 亿元。推进连续油管作业，2020 年实施连续油管作业 4110 井次，增油 5.74 万吨，增气 138 万立方米，增注 12 万立方米，节约成本 4775 万元。推进井下作业视频监控平台建设，在大庆、长庆、冀东三家油田开展试点，建立 3 个井下作业视频监控平台，开发相应的作业监督和承包商管理系统软件 2 套，建设井下作业示范队 19 支，对提升井下作业管理、减少监督用工、提高监督效能、保障安全生产发挥良好作用。

【机械采油】 推动大平台高效无杆举升技术应用，促进效益建产。2020 年，在产建大平台井推进新型无杆举升技术 194 口井，在用井数 776 口井。其中，在大港油田港西一号、二号井丛场应用电动潜油螺杆泵 60 口井，平均泵效

68.2%，系统效率 42.8%，与常规抽油机举升工艺相比，提高系统效率 10.62 个百分点，延长检泵周期 100 天。

推进老井机械采油系统改造提效，实现提质增效。建立老油田机械采油提效示范区 25 个，实施措施改造 10879 口井，井筒综合治理 6011 口井，提高系统效率 1.56 个百分点，延长检泵周期 110 天。规模实施低产液井间抽 49632 口井，同比增加 14641 口，其中推广智能间抽 1 万口井以上，系统效率平均提高 2.6 个百分点，年节电 2.6 亿千瓦时。在大庆油田建立超长冲程抽油机应用示范区，应用 93 口井，与常规抽油机相比，泵效由 21.9% 提高至 64.9%，系统效率由 12.8% 提高到 22.6%，节电率 55.4%。

【分层注水】 应用先进分注技术，不断提高水驱油田分注水平。持续推动桥式偏心分注、桥式同心分注、多级细分注水和电动测调等先进成熟分注技术的应用，满足水驱油田加密测调、精细分注和大斜度井分注的需求，分注率稳步提升，2020 年分注率 63.5%，同比提高 1.26 个百分点。

攻关完善第四代分层注水技术，深化现场应用。有缆传输分注和无缆波码传输分注技术进一步完善，井下仪器和工具可靠性不断提高，使用寿命不断延长，地面远程控制系统全面应用。2020 年，在大庆、长庆、吉林、华北、大港和新疆等油田试验和应用井数超过 400 口井，累计应用超过 1300 口井，全周期分注合格率保持在 90% 以上，年节省分注井测试调配费用 6000 万元以上。

【储层改造】

1. 推动压裂工艺 2.0 提升，为提质增效进一步创造条件

建立体积改造 2.0 优化设计及施工技术，工艺参数得到提升。形成"多簇射孔 + 缩小簇间距 + 提高加砂强度 + 经济适用支撑剂"优化设计方法，建立"大排量、连续加砂、暂堵转向"为核心的施工技术。对比 1.0，改造段长由 61 米增至 71 米、单段簇数由 3 簇增到 5.9 簇、簇间距 16.9 米缩短到 14 米，加砂强度由 2.5 吨 / 米提高到 3.3 吨 / 米。

超低浓度变黏滑溜水攻关成功，技术创新进一步降本。研制超分子自组装新型聚合物滑溜水，降阻剂使用比例 0.01—0.1%，黏度 1.8—31.5 毫帕·秒，降阻率 70%—77%，在昭通页岩气试验成功，成本费用只有常规滑溜水的 1/3—1/2。

桥射联作技术攻关取得新进展，施工效率、机械化水平大幅提升。模块化射孔枪、快接井口攻关成功，大幅降低桥射联作现场施工的操作强度、施工复杂，提高作业时效。现场应用 2000 余段次，作业时效提高 11.8%，施工复杂率降低 31.3%。

裂缝监测技术迈向定量化和精准化。应用爬行器拖动井下检波器进入水平井段检测，提高微地震监测水平段定位精度和效率。套管外永置式光纤定位及避射技术可实现压裂实时监测及生产动态评价等功能，为评估和完善非常规压裂工艺 2.0 奠定基础。

在川南页岩气推广压裂工艺 2.0，射孔簇数由 3 簇增加到 6—11 簇，簇间距由 20—30 米减少至 10 米，加砂强度由 2019 年 1.90 吨 / 米提升至 2.59 吨 / 米，测试产量整体提升 9.54%。

长宁公司完成 128 口井，平均测试日产量由 2019 年 22.09 万立方米提高到 25.21 万立方米，提升 14%，创造 400.22 万立方米平台。

川庆威远完成 42 口井，平均测试日产量由 2019 年 24.23 万立方米提高到 31.95 万立方米，提升 32%。

压裂工艺 2.0 在新疆吉木萨尔页岩油完成 34 口井，90 天平均产量由 19.1 吨提高到 24.9 吨，提升 30%。

2. 推进石英砂替代陶粒，降低成本

推动石英砂替代陶粒见到显著成效，2020 年中国石油石英砂用量 421 万吨，同比增加 147 万吨，相比全部使用陶粒节约成本 15 亿元以上。浙江页岩气、长庆致密油、新疆吉木萨尔、吐哈、大庆、吉林实现 100% 替代。

【试油】 2020 年，围绕塔里木、四川、准噶尔、鄂尔多斯盆地等重点探区，开展"三高"、超深、复杂岩性等试油技术攻关，完成试油 1342 口井 /2363 层，获工业油气流井 896 口 /1262 层，试油一次成功率 97.9%，有力支撑三级储量任务完成。

强化试油管理，推进试油提质增效。通过开展重点地区试油周期和试油成本对标分析，挖掘试油增效潜力，采取强化排液求产周期管理、升级风险探井试油方案等措施，分油田制定试油提质增效运行方案，2020 年试油周期同比下降 12.4%、单层试油成本下降 14.4%，实现试油周期、成本的硬下降。

【采油工程管理工作】 2020 年，启动采油工程管理规定、采气工程管理规定修订，完成初稿及征求意见。组织制修订采油采气行业标准 10 项、企业标准 8 项。

加强井筒工程质量管理。修订页岩气钻井压裂防套变指导意见，加强方案优化和现场施工管理，2020 年压裂套变及丢段率显著降低；严格工程报废井管理，对油田上报工程报废井进行审查；组织编制套损套变井三年集中整治实施方案，制定工作目标、技术路线及保证措施。

开展安全事故事件案例分析。召开采油注水作业事故事件分析视频会，大庆、冀东、大港等 8 家单位对近 5 年来发生的事故事件进行剖析，会后下发"关于加强采油注水井下作业安全生产工作的通知"，对今后工作从提高安全生产意识、加强风险识别、强化方案设计、加强承包商管理等提出明确要求。

组织技术培训与技能竞赛。组织井下作业中级监督、试油中级监督、试油新技术培训班；参加组织完成全国采气工技能竞赛工作。

（王延峰）

地 面 工 程

【概述】 2020 年，油气田地面建设完成原油产能地面建设 1270 万吨，天然气产能地面建设 315.5 亿立方米，地面建设投资 312 亿元。截至 2020 年底，集团公司油气田累计建成各类站场、管线等数量见表 1-9。

表 1-9 集团公司油气田累计建成采油井、计量站等数量

时 间	油 田				
	计量站（座）	转油站（座）	注水站（座）	采出水处理（站）	集中处理站（原油联合站）（座）
2020 年	8774	1913	1206	513	240
2019 年	8693	1901	1244	478	239
同比增减	81	12	-38	35	1

时 间	油 田	气 田			
	各类管线（千米）	集（输）气站（座）	清管站（座）	增压站（座）	污水处理站（座）
2020 年	490315.36	746	87	26	23
2019 年	468386.95	733	87	22	29
同比增减	21928.41	13	0	4	-6

时 间	气 田	
	天然气净化厂（处理厂）（座）	各类管线（千米）
2020 年	83	187241.98
2019 年	81	174676.37
同比增减	2	12565.61

2020 年，实施项目 3485 项，正点开工项目 3302 项，正点开工率 94.75%，建成管道 41716 千米，各类站场 554 座。建成投产 23 项地面建设重点工程（表 1-10），重点工程建成投产为实现油气产量目标、天然气冬季保供和提质增效打下坚实基础。

表 1-10　2020 年建成投产的地面建设重点工程

项目分类	项目名称
油田产能建设重点项目（4 项）	长庆姬塬油田产能建设工程、新疆吉木萨尔产能建设工程、塔里木哈拉哈塘油田塔北碳酸盐岩产能建设工程（2020）、青海尕斯库勒 E₃¹ 减氧空气重力驱开发试验地面工程
天然气产能建设项目（4 项）	长庆苏里格气田产能建设工程、塔里木克拉苏气田克深 5 区块开发地面工程、塔里木阿克莫木气田产能建设工程、西南高石梯—磨溪产能建设工程（二期）
油气管道工程（3 项）	西南江纳线增输工程、南疆利民管网天然气增压工程、浙江云南威信县页岩气集输管道工程
提质增效、气质升级改造工程（4 项）	长庆上古天然气处理总厂工程、新疆玛河增压及深冷提效工程（一期）、新疆采油二厂 81 号天然气处理站深冷提效工程、大庆萨南深冷装置调整改造工程
储气库工程（3 项）	辽河雷 61 储气库工程、新疆呼图壁储气库调整工程（一期）、西南相国寺储气库扩容达产工程
页岩气 / 煤层气项目（3 项）	西南长宁页岩气田 50 亿立方米产能建设工程、西南威远页岩气田 50 亿立方米产能建设工程、浙江昭通国家级页岩气示范区太阳—大寨区块龙马溪组 8 亿米³/ 年浅层页岩气地面建设工程
老油气田调整改造（2 项）	新疆陆梁和石西原油密闭处理与稳定改造工程、吉林新木采油厂前 60 站冷输改造工程

【地面建设管理】 2020 年，油气田地面建设工程质量稳步提高，建设投资得到有效控制，基础工作进一步加强。组织召开"油气田地面工程建设与标准化设计工作推进视频会"，总结交流 2019 年工作，安排部署 2020 年重点工作。组织编制并发布《油气田地面建设标准化承包商 HSE 检查技术手册》。对 16 家油气田地面工程建设前期、基建管理、标准化设计及工程实体质量进行年度检查，查出各类问题 667 个（实体问题 238 个、资料问题 367 个、管理问题 62 个），并按期整改。组织"油气田地面工艺技术与标准化设计、智能化建设高级培训班"和"油气田地面建设与管理高级培训班"2 期培训。编制发布《中国石油天然气股份有限公司推进油气田企业用工方式转型指导意见（试行）》。

【地面建设重点工程】 2020 年，确立油气产能、储气库、油气管道、提质增效、老油气田改造等 7 大类 58 项重点工程，投资 312 亿元。重点地面项目有序推进，确保按期投产。

油田产能建设重点项目 12 项：长庆姬塬油田产能建设工程、新疆吉木萨尔产能建设工程、塔里木哈拉哈塘油田塔北碳酸盐岩产能建设工程（2020）、华北吉兰泰产能地面建设及配套工程、青海尕斯库勒 E₃¹ 减氧空气重力驱开发试验地面工程等。

天然气产能建设项目 7 项：长庆苏里格气田产能建设工程、塔里木克拉苏气田克深 5 区块开发地面工程、塔里木阿克莫木气田产能建设工程、西南高石梯—磨溪产能建设工程（二期）等。

油气管道工程 8 项：西南江纳线增输工程、南疆利民管网天然气增压工程、浙江云南威信县页岩气集输管道工程等。

提质增效、气质升级改造工程 10 项：长庆上古天然气处理总厂工程、塔里木油田天然气乙烷回收工程、新疆玛河增压及深冷提效工程（一期）、新疆采油二厂 81 号天然气处理站深冷提效工程、大庆萨南深冷装置调整改造工程等。

储气库工程 12 项：辽河双台子储气库工程、辽河雷 61 储气库工程、新疆呼图壁储气库工程（达容达产）、西南相国寺储气库扩容达产工程、华北文 23 储气库工程等。

页岩气 / 煤层气项目 5 项：西南长宁页岩气田 50 亿立方米产能建设工程、西南威远页岩气田 50 亿立方米产能建设工程、浙江昭通国家级页岩气示范区太阳—大寨区块龙马溪组 8 亿米³/年浅层页岩气地面建设工程等。

老油气田调整改造 4 项：新疆陆梁和石西原油密闭处理与稳定改造工程、吉林新木采油厂前 60 站冷输改造工程等。

【项目前期管理】　2020 年，以"项目全生命周期效益最大化"为目标，强化地上地下协同优化，地面总体布局、工艺流程、配套系统、设备选择优化，开展技术创新，推广设备材料国产化。全年审批地面工程项目 1545 项（其中可行性研究 908 项、初步设计 637 项）、审查率 100%，报审投资 616.43 亿元、审减 83.89 亿元，审减比例 13.59%。其中：审批一二三类工程项目 116 项，报审投资 231.71 亿元，审减 53.97 亿元、审减比例 23.25%；审批四类工程项目 1429 项，报审投资 384.72 亿元、审减 29.92 亿元、审减比例 7.77%。

2020 年，按照突出整体协调、创新引领、以人为本、绿色安全、数字化转型、精益化生产的原则，组织编制油气田产能建设"十四五"规划，内容包括油气产能建设、老油气田改造和提质增效、重大开发试验、储运与配套、新能源及提氦、完整性管理、数智化建设、安全环保节能节水、科技创新、管理创新十方面内容，形成总报告 17 册、分报告 84 册。

组织编制新疆玛湖油田 500 万吨开发地面规划、吉木萨尔页岩油 200 万吨开发地面规划、西南页岩气地面总体规划和塔里木库车山前 300 亿立方米地面专项规划等上产重点油气田产能建设地面总体规划，指导骨架工程先行。

【标准化设计】 2020 年，标准化设计工作继续向更深层次、更高水平发展，基础工作进一步完善，模块化建设取得新突破。

2020 年，油气田大、中、小型站场标准化设计覆盖率分别为 70%、95%、98%；推广一体化集成装置 1536 套，替代中小型站场 1000 座；预制化率 80%，模块化率气田 100%、油田 60%，平均缩短建设工期 38%，节约投资 17 亿元，节省用地 4600 亩，减少用工 5700 人。

推行标准化设计 12 年来，累计节约投资 146 亿元，减少新增生产定员 72943 人，多生产原油 536.9 万吨、天然气 127.7 亿立方米。2020 年，新增页岩气和稠油 SAGD 两类油气田标准化设计定型图，增加到 17 类、1686 个。页岩气田地面建设全部采用标准化设计，实现"三个不等"（钻机不等井场、压裂不等供水、投产不等地面），所有站场当年设计、当年投产，建设工期缩短 59%，节省投资 16%，节约土地 55%，全年节省投资 2.5 亿元。新研发一体化集成装置 3 类 13 种，累计 30 类 151 种。常规气、页岩气、煤层气基本实现一体化集成装置全覆盖，天然气处理厂模块化建设覆盖率 100%，油田联合站覆盖率 60%。

【数字化建设】 2020 年，开展低成本物联网产品研发和技术优选，修订企业标准，并升级为行业标准。

2020 年完成 27582 口井、2704 座站场数字化建设并上线运行，减少用工 4020 人，累计建成各类井 17.3 万口、站场 1.89 万座，井、站场数字化覆盖率 61% 和 72%，实现长庆、西南、塔里木、吉林、青海、大港、吐哈、冀东、玉门、煤层气、浙江、南方等 12 家油气田数字化全覆盖。《油气生产物联网系统技术规范》升级为行业标准（SY/T 7468—2020）。

完成集团公司试点项目——长宁页岩气 50 亿米³/年产能建设数字化交付及归档项目建设上线验收，发布《油气田地面建设数字化交付技术规定》《油气田地面建设数字化交付系统建设指导意见》，搭建数字化交付系统。

【企业标准与规定制定并发布】 2020 年，发布油气田地面标准、规定 12 项，包括《中国石油页岩气田地面建设标准化设计技术规定》《中国石油页岩气田地面建设第二批标准化设计名录》《中国石油稠油 SAGD 开发地面建设标准化设计技术规定》《中国石油致密油页岩油田地面建设标准化设计技术规定（试行）》《油气藏型地下储气库地面工程标准化技术规定》《油气田地面建设项目标准化承包商 HSE 检查技术手册》《油田原油汽车密闭装卸操作规程（试行）》《油田原油汽车密闭装卸技术规定（试行）》《油气田地面建设与生产对标管理规定（试行）》《油气田地面建设引进设备导则》《油气田地面工程数字化交付技术规定 第 1 部分 总则（试行）》《油气田地面工程数字化交付技术规定 第 3 部分 数据采集（试行）》《油气田地面工程数字化交付及数据资产管理平台部署方案》。

【地面建设科技研发】 2020 年，针对制约油气田地面高质量发展的重大问题，组织研发天然气乙烷高效回收工艺技术、高含有机硫天然气达标处理技术、低成本提氦技术、含汞天然气高效脱汞技术等，形成具有自主知识产权的天然气乙烷高效回收工艺包，并应用于长庆、塔里木乙烷回收工程，减少工艺包引进费 5320 万元。研发 COS 水解催化剂、有机硫全脱型脱硫剂与工艺包，应用于龙王庙净化厂、万州净化厂天然气气质升级及尾气排放达标改造工程，减少工艺包及脱硫剂引进费 3500 万元，占工程总投资 20%。研发低成本膜法提浓 + 深冷提氦工艺技术，指导阿克气田、上古天然气提氦工程方案编制，满足国家战略需要。成功研制并推广国产脱汞剂，价格由进口的 25 万元 / 吨降低到 12 万元 / 吨，年节省投资 6000 万元。

【地面建设竣工验收管理】 按照集团公司按期完成建设项目竣工验收的工作要求，2020 年勘探与生产分公司按计划全面完成 345 个项目竣工验收，其中一类项目 2 个、二类项目 4 个、三类项目 44 个、四类项目 295 个，完成率 112%。期间，大力消除不合规事项，完成 976 个环保、安全、水土保持、土地利用、消防等专项验收，消除违规、违法事项，大大减少企业外部纠纷和干扰，使企业轻装上阵转入正常生产经营，也维护中国石油的社会声誉。竣工验收的 2 个一类项目是长庆采油二厂 2017 年 69 万吨产能建设地面工程和长庆采油三厂 2018 年 51 万吨产能建设地面工程。

（班兴安 苗新康）

海 洋 工 程

【概述】 2020 年，辽河、大港、冀东 3 个海上油田生产原油 203.9 万吨、天然气 4.6597 亿立方米。海上自营油田生产原油 116.36 万吨、天然气 4.6013 亿立方米（表1-11）。海上对外合作区块油田生产油87.499万吨、天然气584万立方米（表1-12）。

表1-11　2020年海上自营油田原油、天然气产量

时　间	辽河海上		大港海上		冀东海上		合　计	
	原油（万吨）	天然气（亿立方米）	原油（万吨）	天然气（亿立方米）	原油（万吨）	天然气（亿立方米）	原油（万吨）	天然气（亿立方米）
2020年	9.6	0.2213	28.46	2.62	78.3	1.76	116.36	4.6013
2019年	9.2	0.1516	25.3	1.9	83.8	1.96	118.3	4.012
同比增减	0.4	0.0697	3.16	0.72	−5.5	−0.2	−1.94	0.5893

表1-12　2020年海上对外合作区块油田原油、天然气产量

时　间	月东区块	赵东区块		合　计	
	原油（万吨）	原油（万吨）	天然气（万立方米）	原油（万吨）	天然气（万立方米）
2020年	43.02	44.479	584	87.499	584
2019年	40.4	41	420	81.4	420
同比增减	2.62	3.479	164	6.099	164

　　截至2020年底，中国石油环渤海滩浅海矿区内建人工岛（井场）22座、固定钢平台11座、海底管道92.1千米、海底电（光）缆120.06千米。

【海上油气上产】　2020年，按照国家大力提升油气勘探开发力度的要求，中国石油加大海上油田勘探开发的工作量。

　　1. 大港海上埕海新区Ⅰ期项目稳步推进

　　埕海1-1平台项目总体进度完成27.20%。平台详细设计完成71.70%，下部结构详细设计通过CCS审查，上部组块详细设计完成三层甲板预制所需的结构图等文件。加工设计总体完成26.82%，物资采购总体完成37.81%。设备已完成定商38类，定审资料20类；未完成定商设备包括冷放空橇、人工岛中控与火气系统、导航系统。完成上部组块钢板采购354吨，海管采购完成定商工作。陆地预制建造完成22.76%，海上安装完成11.44%。2020年3月2日平台结构开始预制，9月完成平台下部结构预制，9月17日开始下部结构海上安装施工。

2.冀东南堡 NP1-3 区块 Nm-Ed₁ 滚动开发项目

油藏埋深 1700—2850 米，动用地质储量 505.66 万吨，可采储量 74.29 万吨，一套层系开发。部署总井数 15 口，新建产能 9.15 万吨。新建 1 座 4 腿固定平台，1.8 千米长的 6 英寸海底管道和 10.5 千伏海底电缆各 1 条。

2020 年 3 月底通过初步设计审查。安全预评价、通航安全评估、桌面路由选择和海管路由勘探、环评、海域使用申请、不动产登记等合规性手续已完成。2020 年 11 月 28 日完钻 14 口。截至 12 月底，NP1-3 区累计产油 1.86 万吨。

3.辽河葵东 1 号构造油气开发调整项目

辽河葵东 1 号构造油气开发调整项目 2 口新井投产。葵东 1 井区油藏埋深 1300—1800 米，动用石油地质储量 128.2 万吨，可采储量 15.4 万吨，一套层系开发，已建 1 口井，部署新井 2 口。完成海域使用申请和不动产证手续办理。葵东 1 块新井平台海工建设完成。完成钻井作业，中油海 33 作业。

2020 年 4 月 17 日投产。葵东 1-8-18 日产液 19 吨、油 18.6 吨；葵东 1-12-18 日产液 10 吨、油 9.8 吨。

4.北部湾盆地 23/29 合作区

南方勘探与中海油北部湾 23/29 和 24/11 合作区块位于琼州海峡，总面积 1444 平方千米。2019 年 4 月中国石油、中国海油双方签订合作合同。经综合评价认为 24/11 区块不具备在海域进行有经济价值的油气勘探条件，2020 年 4 月 1 日双方总部同意终止 24/11 区块合作合同。

【人工岛分级管理】　2020 年，海上油气生产设施（人工岛、钢平台、海管、海缆）总体运行在役状态安全、稳定、可控。按照 Q/SY 18003—2017《滩海人工岛构筑物管理规范》，对人工岛和进海路分级管理，路岛设施基本为一、二级状态。

路岛安全监测。组织油田对路岛在位稳定状态进行监测。沉降位移变形监测方面，整体趋于稳定，局部存在沉降位移，总体可控，需持续监测；海床地形形貌检测方面，总体完整，部分潜堤结构不完整，登陆点和平台桩基周围冲刷严重；组织进行护面块体无人机监测试验，利用无人机机载激光雷达获取护面块体的高密度三维点云数据，利用航空投影测量技术获取护面块体的高清晰度正射影像图。同时开展数据采集试验和数据后处理研究。

【海底管道完整性管理】　2020 年，组织冀东油田、大港油田对海底管道进行外检测，包括水下探摸和路由、埋深及防腐层检测等内容，检测发现管道在位状态良好。基于内、外检测报告，组织对海底管道在役状态开展评估，对于发现有较重缺陷管道处，组织开挖验证。

【海洋工程标准体系建设】 2020 年，完善海洋工程标准体系，《滩海油气田工程建设项目初步设计编制规范》《渤海湾滩海区域平台与井场设计勘查技术规范》和《海底管道水平定向钻登陆设计规范》3 项集团公司企业标准制修订。

【滩海人工岛构筑物在役状态评估关键技术专题研究】 依靠科技引领和保障，提高海上设施本质安全管理水平。针对中国石油滩海油田实际生产中出现的技术难题和安全隐患，以为生产服务、安全环保为目标，2020 年组织开展滩海人工岛构筑物在役状态评估关键技术专题技术研究，对保障设施安全平稳运行具有指导保障作用。

【冬季冰情预报和监测】 做好冬季冰情预报和监测工作。动态掌握冰情信息，从国家海洋预报中心动态发布，实时通过传真、邮件和短信等方式获取渤海湾冰情信息，指导冬季油田海上安全生产。2019—2020 年冬季渤海冰情为常年偏轻（2.0 级），海上油气生产运行正常。

（苏春梅 沙 秋）

新 能 源

【概述】 2020 年，大力推进新能源项目建设工作。2020 年底新能源项目在运 52 个，其中地热供暖项目 25 个，2020 年新增地热供暖面积 184 万平方米，建成总供暖面积 704 万平方米；余热利用清洁能源替代项目 27 个，年替代量折合标准煤 5.84 万吨。

【"十四五"新能源规划编制】 2020 年，组织编制《新能源"十四五"发展规划》《地热业务"十四五"专项子规划》《油气田生产用能清洁替代"十四五"规划》《中国石油深水油气业务"十四五"发展规划》等。

【地热供暖】 深入了解各油田地热开发利用现状，油田地热管理体制机制、运营模式以及各地方相关政策，推动集团公司地热业务发展。组织开展城镇及靠近城镇 5 千米以内地下地热资源经济有效的开发利用。

2020 年新增地热供暖面积 184.6 万平方米。截至 2020 年底，在运地热供暖项目 25 个，建成供暖面积 704.6 万平方米。

重点项目进展顺利。华北油田石油新城地热供暖项目已正常供暖，华北油田华隆矿区地热供暖项目、冀东油田曹妃甸新城地热供暖二期项目积极推进。2020 年 10 月 22 日，高热 8-11 井交井投产，采水汇入主管网，曹妃甸新城地热供暖项目二期工程年度新增供暖面积 56 万平方米，曹妃甸新城地热供暖项目总供暖面积 286 万平方米。2018 年 3 月 8 日，华北油田和蠡县签署地热资源综合开发利用框架协议，项目采用合作运营模式，由华油河北新能源有限公司和蠡县德旺国有资产投资有限公司共同出资 3000 万元。2020 年 11 月 1 日，蠡县供暖项目建成正式投入运行，2020—2021 年采暖季实际供暖面积 50 万平方米。

【清洁替代】　生产用能清洁替代主要是地热、余热、太阳能、风能、生物质能、压差能等替代油气生产中原油、原煤和天然气的消耗。2020 年 6 月，勘探与生产分公司下发《关于开展油气田生产用能清洁能源替代工作的通知》，同时组织召开油气田清洁能源利用技术交流会暨启动会，制定油气生产清洁能源替代五年行动方案。开展矿权区范围内清洁能源资源的评价工作，全面启动清洁能源替代先导示范项目的前期论证工作。2020 年开展的重点相关工作有油气生产用能调查，建立清洁能源替代项目池，组织编制"十四五"清洁能源利用规划。

【可再生能源制氢】　2020 年 9 月 23 日，勘探与生产分公司组织专家组审查《玉门油田可再生能源制氢示范项目预可行性研究报告》。

（苏春梅　罗光文）

储　气　库

【概述】　2020 年，储气库业务继续深入贯彻落实国家关于加快天然气产供储销体系建设的一系列工作要求，按照集团公司储气库"达容一批、新建一批、评价一批"总体规划部署思路，重点围绕储气库生产与运行、建设与评价、业务发展规划编制、技术攻关及标准体系建设等五方面工作，实现储气库整体工作气量 124 亿立方米目标，同比新增工作气量 18 亿立方米，增长 19%，高月高日储气储最大采气量 13383 万立方米，同比新增采气量 2508 万立方米。

【储气库建设】　2020 年，实施储气库建设项目 26 个，其中在役库（扩容及续建）项目 10 个、新建库项目 6 个、先导试验库项目 10 个。计划钻井 103 口，实际完钻 70 口，正钻井 9 口，投产 16 口。其中：在役新疆呼图壁储气库调整工程（一期）11 口注采井全部建成投运；新建辽河雷 61、吉林双坨子（一期）等 2 座储气库建成并投产试运行；西南铜锣峡、西南黄草峡、吐哈丘东、大庆四站、长庆榆 37 等 5 座储气库完成先导试验工程建设并实施注采气试验。

【储气库生产运行】 截至 2020 年底，10 座储气库（群）累计注气 755 亿立方米，采气 559 亿立方米，达容率 98.8%，达产率 65.6%。2020 年，10 座储气库（群）注气 84.45 亿立方米（表 1–13）、采气 85.87 亿立方米（表 1–14）。

表 1–13　2020 年中国石油储气库注气量

亿立方米

时　间	大港 大张坨	华北 京 58	华北 金坛	华北 刘庄	新疆 呼图壁	西南 相国寺	辽河 双 6	华北 苏桥	大港 板南	长庆 陕 224	合　计
2020 年	14.69	3.05	6.28	0.76	18.36	13.66	10.76	10.64	3.49	2.76	84.45
2019 年	15.49	3.52	6.19	0.42	13.78	14.28	14.87	9.05	3.25	3.01	83.86
同比增减	−0.8	−0.47	0.09	0.34	4.58	−0.62	−4.11	1.59	0.24	−0.25	0.59

表 1–14　2020 年（自然年）中国石油储气库采气量

亿立方米

时　间 （自然年）	大港 大张坨	华北 京 58	华北 金坛	华北 刘庄	新疆 呼图壁	西南 相国寺	辽河 双 6	华北 苏桥	大港 板南	长庆 陕 224	合　计
2020 年	14.25	3.14	6.93	0.68	21.78	15.54	9.69	8.24	3.04	2.58	85.87
2019 年	16.62	3.82	8.46	0.87	15.71	16.58	11	7.13	2.97	2.72	85.88
同比增减	−2.37	−0.68	−1.53	−0.19	6.07	−1.04	−1.31	1.11	0.07	−0.14	−0.01

（何　刚）

油气勘探开发科技信息

【概述】 2020 年，进一步突出业务主导，坚持需求导向和问题导向，突出创新和技术立企，把发展的基点牢固建立在依靠科技创新和技术进步上，推进成果转化，助力提质增效。

贯彻党和国家关于加快推动国有企业数字化转型等指示精神和工作要求，落实集团公司数字化转型智能化发展战略部署，围绕上游业务发展和改革创新需求，坚持"问题导向、目标导向、结果导向"的工作原则，持续优化落地上游信息化顶层设计，科学编制信息化"十四五"规划，以"强基础、补短板、促转型、保安全"为指导，重点开展数据资产化、治理信息孤岛、推进云平台建设、夯实数字化转型基础等工作，为上游业务提质增效、转型升级和高质量发展提供新动能。

【科技管理】　科学谋划，编制"十四五"科技规划。（1）坚持业务主导，加强顶层设计。按照集团公司三级科技规划管理的原则和勘探与生产分公司统一部署，组织各油气田企业编制"十四五"科技规划。结合勘探与生产分公司业务规划编制"十四五"科技规划。坚持生产导向、问题导向、效益导向，瞄准"十四五"勘探开发业务高质量发展目标和七年行动计划目标，聚焦主营业务核心需求，围绕业务链部署创新链，按照"快速突破"和"久久为功"两个层面，研发突破、完善配套、推广应用三个层次部署科技创新工作，充分发挥科技支撑当前、引领未来的作用。（2）广泛征求意见，不断修改完善。结合业务发展目标，深入分析面临的技术挑战和技术需求。通过"两上两下"与集团公司总体科技规划、各企业科技规划进行纵向对接，与工程技术分公司、勘探开发研究院、工程技术研究院的科技规划进行横向对接。发放调查问卷，广泛征求各专业专家的意见。按照勘探、原油开发、天然气开发及相关的工程技术分别召开8次专家研讨会，业务分管领导、专业处室、油气田企业、咨询中心、研究院所百名以上专家参加研讨。在充分采纳专家意见的基础上形成规划建议稿。

加强顶层设计，编制年度计划，增强过程管理。（1）构建科技—试验—应用的"大科技"格局。坚持业务主导，以科技项目为纽带，以重大开发试验为抓手，以水平井体积改造专项为桥梁，统筹推进生产应用技术研究，集成推广重大技术应用，助力上游业务高质量发展。（2）聚焦业务需求编制2020年科技计划。按照"突出创新、瞄准三新，业务主导、突出重点，明确定位、避免重复，加强非常规"的原则进行编制，安排25个项目，158个课题，投资预算24740万元。结合生产急需，调整部分课题，围绕中秋1井、永探1井、高探1井等3个战略发现和四川盆地震旦系—寒武系重大接替领域新增课题开展研究，由点到面，加快形成规模增储区；设立水平井修复与井筒再造技术研究及现场试验课题，减少套损，提质增效。（3）加强合规管理。加强科技经费的动态管理，通过视频、现场会议等形式，集中组织所有新开课题的论证、在研课题中期检查和结题课题的成果验收。开题论证同步进行"三新"项目专家认定，"三新"项目占比超过 97%。首次实现重大开发试验专题研究课题上线科技管理平台管理，完成 90 份计划任务书在线审核、签订，中期检查和成果验收的有关资料上传平台，实现成果共享。

推进成果转化和规模应用，编制新技术推广目录。为了鼓励油气田企业用好用足集团公司科技成果转化创效奖励政策，加大新技术推广力度，推进规模应用，助力提质增效。广泛征集各油气田企业和勘探开发研究院、油服企业和工程技术研究院研发的已得到验证的新技术，并按照"聚焦主营业务需求，自主创新及知识产权可控，推广应用有效益"的原则严格筛选，剔除没有形成知识产权、现场应用规模小、经济效益差的技术，形成新技术目录（征求意见稿）。征求各路业务意见，形成新技术目录（正式稿）下发，搭建供需桥梁。

落实政策，推进加计扣除工作。组织"油气勘探开发业务科研支出加计扣除有关政策研究"，调研 16 家油气田企业、储气库分公司和勘探开发研究院（含分院），掌握勘探与生产业务研发费用加计扣除政策落实现状，分析各油气田企业研发支出加计扣除存在的 6 方面问题。勘探开发业务科研支出中可加计扣除额占比低；集团公司加计扣除相关的管理制度有待完善；研发活动界定不清晰；科研项目未全部进行"三新"认定；各油气田企业和科研单位对加计扣除政策不够熟悉；加计扣除工作操作不当存在税务稽查风险。为了用好用足国家政策，梳理并规范工作流程，制定工作指南，从源头上界定研发项目，归口规范管理；完善研发投入计划和预算管理；加强各部门协同，推进加计扣除。从而指导油气田企业开展加计扣除工作，提高加计扣除比例。

【信息化管理】 2020 年，持续优化顶层设计，科学谋划"十四五"，增强可操作性。按照集团公司进一步完善上游信息化顶层设计的工作要求，贯彻专项整治信息化"孤岛"、让数据资产化等指示精神，围绕集团公司勘探与生产数字化转型智能化发展目标，坚持"十三五"末基本建成数字油气田、"十四五"末初步建成智能油气田、"十六五"末全面建成智能油气田的总体目标，持续优化完善上游信息化顶层设计，科学编制上游"十四五"信息化规划，确保上游信息化工作行有方向、抓有重点、干有目标。针对油气开发领域信息化应用"缺、重、孤"突出问题，以《油气田开发纲要》为基础，按照实际业务流程和需求，围绕开发业务管理和油气藏协同研究两条主线，对油气开发全业务领域进行业务梳理，编制油气开发领域实施方案。

推进油气生产物联网建设，提高数字化率，转变生产方式，同步优化劳动组织架构和生产管理方式，提升管理水平，提高油气田开发水平和综合效益，达到提质增效的目的，促进"油公司"模式改革。2020年建成420座无人值守站场，年底长庆、西南、塔里木、吉林、青海、大港、吐哈、冀东、玉门、煤层气、浙江、南方等12家油气田数字化全覆盖。探索平台化、大数据、移动应用、人工智能等信息化先进技术在上游物联网领域的应用，促进生产自动化、管理协同化、研究智能化。

夯实制度基础、数据基础、平台基础。推进上游信息化建设科学、规范开展，从管理和技术两个层面，持续夯实制度基础。编制并印发《梦想云应用运行管理规定》《梦想云平台技术标准》《新型采油气管理区作业区建设管理大纲》等标准规定。开展夯实数据基础工作，推进数据湖实施和源头数据统一采集，推进连环湖架构落地，初步编制完成数据湖建设实施方案，部署塔里木等6家油田区域湖建设，以此夯实数据基础，提升数据质量。

补足短板，加强业务应用建设。加快油气勘探领域已有系统升级和新应用的研发，实现多项业务的在线优化和管理，集成上云12家油田23个自建勘探生产管理系统，实时掌握探井生产动态；实现16家油气田的矿权申报、矿权年检工作的线上流程化管理，支撑2020年度中国石油油气储量年审，促进质量效率的提升。加强油气开发领域按照业务流程和规则开展应用建设并促进深化应用，支撑油气开发生产业务提质增效。以信息化手段支撑业务人员对长停井进行多因素、可视化对比分析、优化生产，2020年治理长停井2806口，开井率同比提高1.1个百分点，恢复产油量35万吨；支持潜力井筛查和井下作业方案技术经济在线优化、执行情况实时跟踪、措施前后对比分析，以信息流促进业务管理精细化，实现机械采油井潜力分析、实施、评价全过程闭环管理，增效2000万元。响应勘探与生产分公司新增原油销售业务的急迫需求，将A3系统临时改建为原油运销系统，满足关键时间节点、核心业务与国家管网交接的需要，支撑原油销售业务改革，促进原油销售业务交接、统一管理和规范高效运行，提升整体盈利能力、降低运营成本。

促进数字化转型、智能化发展。按照集团公司数字化转型智能化发展总体工作部署，推荐大庆、长庆、新疆、塔里木、西南、大港6家油气田公司为示范建设单位，科学编制上游总体数字化转型智能化发展建设方案及6家示范油气田建设方案，最终确定塔里木油田为集团公司数字化转型智能化发展试点建设单位，西南油气田、大港油田为勘探与生产分公司数字化转型智能化发展试点建设单位。完成5个智能应用场景研发，在大庆油田、长庆油田、新疆油田、大港油田、勘探开发研究院测试应用，工作效率大幅提升。

战疫情、保安全、强培训、稳运行。面对突如其来的新冠肺炎疫情，快速搭建环境、提供工具、支持服务，提供移动应用、网络会议等信息化快捷手段，应对新冠肺炎疫情给生产、研究等业务带来的不便和影响，以信息化手段支撑业务高效率、低成本运行。完成 A1、A2、A5、A6、A8、D2、A11 等 7 个信息系统运维工作，在持续强化信息安全、确保平稳、高效运行的同时，持续提高已建信息化系统的功能及性能，促进业务人员应用。

（方　辉　丁建宇）

第二部分

油气田企业概览

大庆油田有限责任公司
（大庆石油管理局有限公司）

【概况】　大庆油田有限责任公司（大庆石油管理局有限公司）简称大庆油田，是中国石油天然气集团有限公司的重要骨干企业。大庆油田 1959 年发现，1960 年投入开发，是迄今国内最大的油田，也是世界上为数不多的特大型砂岩油田之一。油田位于黑龙江省中西部，松嫩平原北部，由萨尔图、杏树岗、喇嘛甸、朝阳沟、海拉尔等油气田组成。国内勘探范围包括黑龙江松辽盆地北部、依舒等外围盆地、内蒙古海拉尔盆地、新疆塔东区块、四川重庆矿权流转区块等领域，海外业务覆盖中东、中亚、亚太、非洲和美洲等区域。业务有上市、未上市两大部分，包括勘探开发、工程技术、工程建设、装备制造、油田化工、生产保障、矿区服务等。

截至 2020 年底，累计生产原油 24.3 亿吨，上缴税费及各种资金 2.9 万亿元，为维护国家石油供给安全、支持国民经济发展做出贡献。孕育形成大庆精神、铁人精神，成为中国共产党和中华民族伟大精神的重要组成部分。创造领先世界的陆相油田开发水平，主力油田采收率突破 50%，比国内外同类油田高出 10—15 个百分点，三元复合驱年产量突破 400 万吨，使中国成为世界唯一大规模工业化应用的国家，油田勘探开发与"两弹一星"等，共同载入中国科技发展的史册。涌现出以"三代铁人"为代表的一大批先进模范人物，锤炼一支"三老四严"、永创一流的英雄队伍。发挥国有大企业的辐射拉动作用，有力地带动地方经济社会发展，催生一座现代化油城。对于大庆油田的历史性贡献，党和国家给予充分肯定和高度评价。

2020 年，大庆油田完成油气产量当量 4303 万吨，继续保持油气当量 4000 万吨以上持续稳产（表 2–1）。

【"十三五"回顾】　"十三五"期间，大庆油田累计营业收入 8517 亿元、利税 933 亿元，为国民经济社会发展做出重要贡献。油田振兴发展。坚持战略引领，组织编制实施"振兴发展纲要"，指导引领油田发展实践，天然气产量占比接近 10%，海外权益产量占比 22%，外部市场收入占比超过 10%，构建形成稳油增气、内外并举的新格局。油气勘探开发。五年累计产油 1.64 亿吨，油气产量当

表 2-1 大庆油田主要生产经营指标

指 标	2020 年	2019 年	2018 年	2017 年	2016 年
国内原油产量（万吨）	3001.03	3090.01	3204.43	3400.03	3656.03
天然气产量（亿立方米）	46.59	45.53	43.35	40.13	37.70
新增原油产能（万吨）	176.95	172.15	243.27	242.23	318.66
新增天然气产能（亿立方米）	2.80	5.23	2.03	3	1.71
二维地震（千米）	—	—	1896	2681.10	3394.60
三维地震（平方千米）	1272	2560	1714	1424.70	1889.80
探井（口）	166	211	222	201	153
开发井（口）	3265	3409	3414	3718	3458
钻井进尺（万米）	499.44	527.65	556.19	584.17	489.78
勘探投资（亿元）	31.64	43.59	29.19	29.59	27.25
开发投资（亿元）	183.65	185.28	188.77	180.54	162.35

量始终保持在 4000 万吨以上，巩固保持全国最大原油生产基地地位。海外市场开发。成功收购伊拉克哈法亚项目股权，海外业务进入中东、中亚、亚太、非洲和美洲等五大区域，海外权益产量达到千万吨级规模，海外市场收入突破百亿元大关，迈出重大跨越发展新步伐。企业改革创新，完成企业办社会职能剥离移交、机关机构精简、专业化重组、扩大经营自主权试点等重大改革任务，制定实施核心技术发展路线图，创新发展特高含水老油田提高采收率等一批重大关键技术，中高成熟页岩油攻关实现历史性战略性突破。企业发展员工受益，生产生活条件持续改善，收入待遇稳定增长。铁人学院成为国企首家"全国党员教育培训示范基地"、首批"全国工会干部教育培训基地"，大庆新铁人王启民获"人民楷模""改革先锋"称号。

【振兴发展】 2020 年，大庆油田围绕贯彻落实习近平总书记贺信重要指示精神，开展"大学习、大讨论、大宣传"，推动总书记重要指示精神进机关、进一线、进班组，汇聚起推进振兴发展的强大合力。制定下发《关于贯彻落实习近平总书记贺信重要指示精神、当好标杆旗帜建设百年油田的实施方案》，发布实施《大庆油田振兴发展纲要（2020 版）》，组织编制《大庆油田及其地区"十四五"高质量发展专项规划》，以当好标杆旗帜、建设百年油田为目标，以深化改革创新为动力，以谱写"四个新篇章"为重点，明确今后一个时期的业务规划、主要任务和保障措施，引领推动各个领域创新发展实践。

【资源勘探】 2020 年，大庆油田坚持油气并举、常非并重、海陆相并进，重点领域勘探取得丰硕成果，全面超额完成三级储量任务。页岩油方面。举全油田之力高效协同推进，成立页岩油勘探开发指挥部。攻关形成"四项革命性认识"，颠覆传统找油理论，实现从陆相页岩生油到陆相页岩产油的创新突破。这一历史性重大战略突破，对于建设百年油田和引领我国陆相页岩油革命，具有十分重大的意义。常规油方面。松北常规油，按照"西上斜坡、北要过线、南到古龙、东到三肇"整体部署，新获多口工业油流井。海拉尔中部断陷带，相继发现多个高产区块。致密油方面。直平联合探索增储潜力，持续攻关完善压裂工艺技术，不断扩大效益建产示范区规模，成为外围油田稳产上产的重要支撑。川渝流转区块方面。继潼探 1 井之后，合深 4 井、合深 2 井下二叠统茅二段、栖霞组再次突破，获高产气流，成为近期探明千亿立方米高效储量主战场。

【油气生产】 2020 年，大庆油田采取强力措施，有效应对疫情限运、汛期内涝、投资成本压降等严峻挑战。全力复工复产，合力破解塔木察格限运难题，高效实施抢产上产措施，加快推进油田产能建设。深化水驱综合挖潜，通过精准注水方案调整、区块综合治理，水驱开发稳中向好态势进一步巩固。强化三采优化提效，通过采取区块分类对标调整、开展二类 B 油层挖潜技术攻关等措施，三次采油年产量连续 19 年保持在 1000 万吨以上。徐深气田采取稀井高产模式，水平井储层钻遇率创近年最好水平。合川气田老井挖潜增气成效显著，新区块首口试气井获高产，千亿立方米规模开发潜力有望效益动用。溶解气实现精准管控，处理量和轻烃产量保持稳定。全年完成国内原油产量 3001 万吨、天然气产量 46.6 亿立方米、海外权益产量 931 万吨，天然气产量连续 10 年稳步增长。

【科技创新】 2020 年，大庆油田坚持科技先行、创新驱动，把创新摆在发展全局的核心位置，完善"双序列""课题制"及首席专家领衔的科技管理机制，加快推进核心技术发展路线图。获省部级以上科技奖励 31 项，授权发明专利 53 项。陆相页岩油理论认识有力地指导古龙页岩油突破发现，老区常规油、松北致密油富集规律认识持续深化，河道砂体精细刻画、薄层白云岩地震识别、特色酸压等关键技术创新发展，为重点领域勘探突破提供有力支撑。特高含水后期渗流特征及开发规律、复合驱界面特性微观机理、致密储层渗流规律等研究，取得新的认识和成果。长垣水驱控水提效及二类油层聚合物驱提质提效技术持续完善。创新发展调整井控制压力钻完井、水平井钻井提速、智能分注、火炬系列深穿透射孔器等关键技术，大规模体积压裂、直井缝网及工厂化压裂配套技术达到行业先进水平。加快实施信息化建设"三步走"，数字油田建设全面铺开。"大庆油田智慧指挥系统研究与应用"项目获集团公司科学技术进步奖一等奖。

【提质增效】　2020 年，大庆油田开展"战严冬、转观念、勇担当、上台阶"主题教育活动，深挖潜力、降本节流，油气完全成本、操作成本实现双下降。压降投资，突出"五保"，强化"三压"，优化投资结构，提高投资回报。全年油气产能内部收益率分别提高 1.99% 和 5.21%。控制成本，深挖水、电、气等生产要素潜力，实现用电量连续四年、用水量连续七年硬下降。优化运行。树牢经营油藏理念，突出效益建产，优化产量结构，推广应用"三优一简"、方案调整及堵水等措施，严格控制无效注水、无效产液，节约生产费用支出。"两金"管控，强化过程管控，提高资金回流效率，采取多种手段加大清欠力度。利用抗疫惠企政策、加强税收筹划等渠道，节约税费及成本支出。

【企业改革】　2020 年，大庆油田解决历史遗留问题改革基本完成。厂办大集体改革，拟"混改"企业完成公司制改制和产权链接，拟关闭注销企业全部停业、加速清理，重组企业完成管理权移交，人员得到妥善安置。退休人员社会化管理，完成退休人员和退养家属移交工作。"三供一业"及企业办社会职能剥离移交收尾工作加速实施，矿区维修改造工程如期完工。完成物业和采暖费货币化改革。机构改革持续深化，坚持精简机构、精干人员、高效运转，压减机构和人员编制。撤销矿区服务事业部层级，重组成立专业公司，实施专业化运作、市场化发展。经营机制进一步完善，突出市场导向、效益导向，加大对原油超产、效益升降、市场拓展以及重大控制事项的奖罚力度，实行差异化、梯度工效挂钩机制，推广全要素量化考核，发挥"指挥棒"作用。通过强化资本运营，引入战略投资推进混合所有制改革，进一步提高资产创效能力。

【业务升级】　2020 年，大庆油田未上市业务克服市场急剧变化影响，调结构、转方式、促升级，取得好于预期的经营业绩。服务保障能力持续提升，钻探工程水平井钻速大幅提高，开发井固井优质率、水平井优质井段比例持续提升，均创历史最好水平。工程建设推行"五化"模式，实现大幅提质提效。业务发展能力持续提升，铁人学院整合职教、培训、托幼等业务，形成一体化高端教育培训产业。化工有限公司打造"技工贸一体化"模式，业务重组稳步推进。水务公司整合环境监测检测、装置集成、废液废固处理等业务单元，打造全链条环保产业。昆仑集团整合土地资源，发展现代绿色农牧业。市场开拓能力持续提升。推动国际市场复工复产、国内市场优化布局，伊拉克、南苏丹等海外项目提前复工，承揽广东石化 EPC 项目，创造国内市场单个项目合同额最高纪录，相继中标伊拉克钻井、哈法亚潜油电泵、黑河天然气管网等一批重点项目，伊拉克鲁迈拉、库尔德及国内西北、西南、华南区域市场实现滚动开发。全年外部市场收入实现疫情及低油价下逆势增长。

【基础管理】 2020 年，大庆油田紧密结合形势变化，立足抓基层、打基础、防风险、强管控，全面加强各项基础管理工作。新冠肺炎疫情防控精准有力。坚持把员工群众生命安全和身体健康放在第一位，以"战时状态"统筹推进疫情防控和生产经营工作，外防输入、内防反弹，严格落实"日报告、零报告"制度，严格实行基层站队网格化管理，严格执行重点人员隔离报备规定，严格消毒、测温、分餐、戴口罩、倒班轮换、核酸检测等防控措施，高效建成多条口罩生产线，有力保障抗疫物资的生产与供应，建立海外分级分区防控机制，确保疫情防控与油气生产"两手抓、两不误"。安全环保全面加强。牢固树立"生命至上、安全第一"的理念，以"安全生产专项整治三年行动"为主线，开展"四查"活动，全面整治官僚主义、形式主义，强化履职能力考评，突出重点领域整治，严肃事故问责追责，加大"三违"行为整治力度，扭转安全生产被动局面。打好生态环境保卫战，推进绿色发展，全面落实污染防治措施，推进环保督察和历史遗留问题治理，中国石油首个碳中和林项目"落户"大庆油田，生态环境建设取得重大进展。"四位一体"综合管理体系初步构建。完成公司层面八大管理体系融合，"岗位责任文本＋基层'两册'"高效执行，综合管理体系全面启动，新时代岗检覆盖全部单位，规范化管理水平持续提升。依法治企成效明显。坚持"三重一大"与建立完善依法决策机制相结合，推进重大事项法律论证、争议纠纷诉前调解、民法典宣贯等措施，被诉案件数量、标的金额连续两年大幅下降，防范化解重大风险能力显著提升。

【民生建设】 2020 年，大庆油田坚持以人为本，争取政策支持，加快实施矿区维修改造项目建设，员工家属居住环境得到有效提升。完成中引水厂水源地替代工程、3 座污水处理厂升级达标改扩建、生活污水系统改造等一批环保及重点民生项目，员工生产生活条件进一步改善。加大自动化设备投入，提升施工作业队伍装备水平，降低一线员工劳动强度。注重人才培养，加强技能专家、劳模和工匠创新工作室建设，健全核心人才薪酬待遇对应机制，开展主题劳动竞赛，促进员工与企业共同成长。完善员工服务网络，加大帮扶解困力度。开展形式多样的线上线下活动，丰富员工业余文化生活。加强维稳信访工作，疏解调处矛盾纠纷，维护员工合法权益，巩固安定团结的良好局面。

【企业党建工作】 2020 年，大庆油田高举大庆红旗，全面加强企业党的建设。推进实施《大庆油田基层党建工作质量提升三年行动计划》，评选 20 个示范党支部，制定发布企业标准《示范党支部"六好"验收考评工作规范》，总结推广党建协作区经验，推动基层党建全面进步、全面过硬。落实党管干部原则，严把选人用人关，一批优秀年轻干部走上领导岗位，领导班子结构进一步优化。开展大庆精神铁人精神再学习再教育再实践，召开大庆油田思想政治工作会议，集中选树宣传一批先进集体和个人典型，推进"石油魂"宣讲，中央主流媒体持续推出专题报道，大庆精神铁人精神进一步传承弘扬。推动政治监督具体化常态化，聚焦疫情防控、提质增效、安全环保开展专项监督，深化两级巡察，抓好问题整改，压紧压实全面从严治党责任，严肃查处违纪违规行为，巩固作风建设成果，营造风清气正的良好政治生态。

（李　冬　陈娇红）

中国石油天然气股份有限公司辽河油田分公司（辽河石油勘探局有限公司）

【概况】　中国石油天然气股份有限公司辽河油田分公司（辽河石油勘探局有限公司）简称辽河油田，成立于1970年3月，是全国大型稠油、高凝油生产基地。业务范围涵盖油气开采、工程技术、工程建设、燃气利用、炼油化工、生产辅助、矿区服务、多种经营、储气库业务等领域。矿权区位于辽宁省、内蒙古自治区、青海省、陕西省、甘肃省和海南省。勘探领域包括辽河探区、鄂尔多斯探区、柴达木探区和南海探区四大探区，总探矿权面积为20.93万平方千米。主要开发区在辽宁省盘锦市、沈阳市、锦州市、鞍山市、辽阳市内。总部机关设在辽宁省盘锦市兴隆台区。

辽河油田于1970年投入大规模勘探开发建设，1980年原油产量跨越500万吨，1986年突破1000万吨，跻身我国第三大油田，1995年达到历史最高峰1552万吨，到2020年连续35年保持千万吨规模稳产。勘探开发建设50年以来，先后在辽宁省、内蒙古自治区、青海省3个省（自治区）发现兴隆台、曙光、欢喜岭等油气田 43 个，开发方式从天然能量开发、水驱、稠油蒸汽吞吐、到蒸汽驱、SAGD、火驱等方式转换，形成 9 种主要开发方式及配套技术，几乎涵盖陆上石油的全部开发方式。2020 年底，辽河油田设机关职能部室 15 个、机关直属机构 7 个、机关附属单位 3 个，所属二级单位 53 个。在册员工 7.42 万人。其中，专业技术人才 5300 人，大专及以上学历 43192 人，正高级职称 94 人、副高级职称 4011 人、中级职称 12904 人。企业首席专家 3 人，企业技术专家 20 人，一级工程师 62 人；集团公司技能专家 23 人，企业技能专家 68 人，企业首席技师 44 人，高级技师 266 人，技师 1703 人。资产总额 539.8 亿元，净资产 172.07 亿元。自 1970 年开始大规模勘探开发建设以来，累计探明石油地质储量 25.7 亿吨、天然气地质储量 2154.94 亿立方米；累计生产原油 4.9 亿吨、天然气 892.54 亿立方米。建成具有 1004.26 万吨/年的原油生产能力，7.24 亿米³/年的天然气生产能力（表 2-2）。有东北最大的储气中心——辽河储

表 2-2　辽河油田主要生产经营指标

指　标	2020 年	2019 年	2018 年	2017 年	2016 年
原油产量（万吨）	1004.26	1007.56	995.11	1000.1	974.11
天然气产量（亿立方米）	7.24	6.04	5.7	4.6	4.64
新增探明石油地质储量（万吨）	4089	2519	2262.06	2203.55	1692
新增控制石油地质储量（万吨）	5158	4859	4321	4989	4855
二维地震（千米）	700	1170	500	0	499.6
三维地震（平方千米）	415	189	200	420	200
探井（口）	70	70	58	89	85
开发井（口）	828	928	754	991	562
钻井进尺（万米）	147.41	177.93	163.24	171.08	109.03
勘探投资（亿元）	8.96	13.79	13.76	15.69	14.2
开发投资（亿元）	52.34	63.03	63.28	61.68	37.2
资产总额（亿元）	539.8	651.92	546.15[①]	522.74	606.96
收入[②]（亿元）	344.45	472.38	517.09	409.29	318.37
利润（亿元）	-60.12	-11.53	8.03	-115.32	-225.46
税费（亿元）	33.69	51.23	59.14	46.55	30.85

注：①2019 年开始执行财务部《企业会计准则第 21 号——租赁》，按新资产租赁准则，2018 年原资产总额应为 674.01 亿元进行核算。②均不包括多种经营业务收入。

气库群，被纳入国家石油天然气基础设施重点工程，担负着"气化辽宁"、东北和京津冀地区天然气季节调峰任务，对调整国家能源结构、提高人民生活水平、促进节能减排、应对气候变化、保障供气安全及国家战略储备方面具有重大的社会意义和战略意义。

2020年，辽河油田生产原油1004.26万吨，超计划0.26万吨；生产天然气7.24亿立方米，超计划1.64亿立方米；完成油气当量1062万吨，超产13.3万吨。新增探明储量4089万吨、控制储量5158万吨、预测储量（油气当量）9112万吨，三级储量创近10年新高。收入344.45亿元，其中上市业务收入206.9亿元、控亏56.65亿元，未上市业务实现收入137.6亿元、控亏3.47亿元；油田整体控亏60.12亿元，对比集团公司考核指标增效7.04亿元；上缴税费33.69亿元。

【"十三五"回顾】 "十三五"期间，辽河油田始终坚持以油气主业为根本，突出高效勘探开发，累计新增探明储量1.28亿吨，控制储量2.42亿吨，预测储量2.74亿吨；累计生产原油4981.14万吨、天然气28.22亿立方米，实现油气当量5206万吨。把握提质增效主线，精细投资管理，严格成本管控，深入挖潜创效，连年超额完成业绩指标，比2016年桶油完全成本同口径减少31.51美元、下降38%，实施288项措施优化投资41亿元、效益挖潜145亿元；累计收入2061.58亿元、缴纳税费221.46亿元，位居辽宁省企业前列。发挥科技创新支撑驱动作用，科技攻关取得丰硕成果，获省部级以上科技成果56项，国家授权专利2165件，国家能源稠（重）油开采研发中心全面建成，牵头推进国家、集团公司重大科技专项2项、科技项目12项，科技贡献率持续提升。推进"三供一业"、医疗、社保、离退休和市政社会化改革，优化业务结构、组织结构、队伍结构，基本建立业务归核、管理扁平的现代"油公司"模式，累计优化压减二级机构59个、三级机构1076个。提升依法治企能力，完善制度流程体系，修订规章制度198项，内控管理、法律风险防控体系实现全覆盖，全面落实重大事项法律审查，连续5年"零例外"通过内控外部审计。树立宗旨意识，强化底线思维，普惠发展成果，投入16.5亿元治理隐患3359项，全面完成节能减排任务；支出近22亿元实施民生工程，投入2.07亿元开展帮扶工作，保持油田矿区安定和谐。

【油气勘探】 2020年，辽河油田以高效勘探为中心，坚持"老区不老、小块不小、新区快突破"的勘探工作理念，油气勘探总投资8.96亿元，实施探井70口，超额完成三级储量任务。新区、新领域风险勘探获得重大突破，其中驾探1井试油日产天然气32.5万立方米，创近40年天然气单井产量之最，新增预测储量 607 亿立方米。沈页 1 井试采平均日生产原油 11.4 吨，累计生产原油 1859 吨，证实大民屯页岩油资源通过工程技术进步可以有效动用。辽河富油气区勘探实现规模增储，其中小 47 井、龙 71 井、河 32 井等多口探井获高产油气流，兴隆台中生界、外围陆东后河构造带精细勘探获新突破，新增控制石油地质储量 5158 万吨。流转矿权区勘探取得新发现，鄂尔多斯 7 口井钻遇良好油气显示，宁古 3 井在两个层段试油分别获 13.4 万立方米和 17 万立方米高产工业气流，初步落实资源规模 2008 亿立方米。柴达木探区马气 1 井日产天然气 10.4 万立方米，初步落实预测资源量 40 亿立方米。在双 229 区块、沈 273 区块、河 19 区块等 18 个区块实施滚动评价勘探，新增探明石油地质储量 4089 万吨，稀油、高凝油等优质储量占比 91%。新能源勘探取得积极进展，深海勘探、天然气水合物研究得到深化。东部凹陷深层天然气勘探、大民屯凹陷页岩油勘探成果，分别获集团公司油气勘探重大发现二等奖、三等奖。

【油气开发】 2020 年，辽河油田强化效益油气开发，推进产能建设、方式转换、注水注汽等重点工作，召开注水、注汽专题研讨会，开展劳动竞赛，推动原油日产连上 8 个百吨台阶，完成全年油气产量任务。油气开发总投资 52.34 亿元，开发井 828 口。其中，产能建设投产新井 660 口，新建产能 97.1 万吨，年产原油 45.9 万吨，同比增加 10.2 万吨。高效建成并投产双 229 块、兴 20 块等区块，百万吨产能直接投资同比减少 10.6 亿元、下降 20.5%。优化实施方式转换，新转蒸汽驱、火驱等各类井组 90 个，转换项目年产油 262.9 万吨。注水油田日产稳定在万吨以上，自然递减率 12.8%、同比下降 0.5%。稠油吞吐油汽比 0.31、同比提高 0.02，年生产原油 335 万吨。实施老井大修、侧钻等进攻性措施 1051 井次，年增油 30.1 万吨；恢复长停井 823 口，年增油 26 万吨。冷家、月东合作区完成产量 94.8 万吨、超产 1.6 万吨。柴达木、鄂尔多斯流转区生产原油 2.4 万吨。加强水、电信、作业、物资、车辆服务保障业务，协调征地、外来气等工作，实现产、运、储、销高效顺畅，主要工作运行到位率 98%、符合率 87%。开井数净增加 288 口，举升单耗降低 2.5 千瓦·时/吨，检泵率降低 7.3%，采油管理指标得到提升。推进储气库建设，双 6 储气库实现扩容上产，工作气量达 32.2 亿立方米历史峰值，雷 61 储气库在国内同批次中率先建成投产。

【经营管理】 2020 年，辽河油田深入推进提质增效专项行动，采取变革性措施打好企业效益保卫战，完成调整预算指标，生产经营业绩好于预期。精细投资管理，优化投资方向，勘探开发主营业务投资比重 95%。通过严控总量、强化审批、简化设计，压降投资 10.54 亿元，完成年度目标 157.8%。推行钻井工程标准化、地面工程标准化、市场化计价体系等措施，优化产能建设投资 3.84 亿元，相当于多实施产能新井 85 口。严格成本管控，发挥预算导向作用，推动效益配产，引导各单位聚焦"两利三率"（净利润、利润总额，资产负债率、营收利润率、研发经费投入率）指标，控制投资，降低成本。加强燃料费、材料费、作业费等重点成本管控，基本运行费下降 22.58 亿元、下降 24.8%，桶油完全成本 51.73 美元，下降 4.99 美元，创 10 年新低。开展挖潜创效活动，项目化推进 10 个方面、46 项工程、166 条提质增效措施，挖潜增效 41.85 亿元。运用租赁准则政策、专项经费统筹等措施，实现增利 18.32 亿元。落实税收政策，研发费加计扣除增利 4077 万元，节约土地使用税、资源税 9946 万元。推进依法治企管理，民企欠款清理挂账支付率 101.3%，"两金"压降完成率 112%，压减法人 3 家，超额完成管控任务，如期上线财务共享。颁布实施管理制度 37 项，重大事项决策前法律审查率 100%，处理法律纠纷案件 59 起，避免和挽回损失 4334 万元，辽河油田被集团公司列为"全面合规示范创建企业"。出台外部市场管理办法，突出效益优先，完善运行机制，推动市场开发从规模扩张向质量效益转型。实施外部市场项目 988 个，主体单位走出去员工 4352 人，完成市场开发额 54 亿元，实现收入 44.32 亿元、利润 2.26 亿元。

【企业改革】 2020 年，辽河油田落实集团公司总体改革部署，坚持顶层设计与强化落实并重，全面推进 48 项年度改革任务。推进"油公司"模式改革，制订实施业务归核化发展方案，形成八大业务板块、"5+7"（5 类核心业务：油气勘探开发、采油采气、储气库建设运营、油气储运与销售、燃气及新能源开发业务；7 类辅助业务：修井作业、工程建设、石油化工、外闯市场、生产保障、公建物业及多元经济业务）归核化发展格局。完成工程技术、工程建设、储气库、外部市场、矿区及社保离退休等业务重组，整合采油厂低压电、油井测试、工程维修等业务，稳步实施修井作业、物资供应、车辆运输等业务专业化管理，初步建成主营业务突出、辅助业务高效的"油公司"体制。深化三项制度改革，深入实施机关"大部制"改革，开展新一轮"五定"工作，压减二级机构 10 个、三级机构 142 个、三级职数 604 人、总编制定员 4108 人。优化人力资源配置，富余人员显性化比例 15.5%，实施"十一条"措施分流 2230 人。完善工效挂钩办法，发挥绩效考核"指挥棒"作用，效益类指标权重 60%。重点领域改革取得良好成效，基本实现厂办大集体改革主要目标，妥善安置 7000 余名派出员工，正式运营混改"辽宁中油"平台。完成退休人员社会化档案移交、资产划拨等重点任务，工作进展走在辽宁省前列。"五自"经营改革试点单位效果明显，其中辽河油田建设有限公司实现扭亏为盈，试点单位同比减亏 3.85 亿元。

完成康复医院社会化、民用物业等改革任务，第二轮扩大经营自主权改革顺利收官。

【科技创新】 2020 年，辽河油田坚持需求导向，优化科研攻关布局，召开油田科学技术大会，明确中长期攻关任务，发挥国家能源稠（重）油开采研发中心创新平台牵引作用，强化关键核心技术研究应用，取得一批重要成果。在勘探技术方面，提出深层火成岩"源储一体、近源成藏"地质认识，建立大民屯凹陷页岩油"甜点"分类、定量评价标准，助推深层天然气、非常规油气勘探取得重大突破。在开发技术方面，探索形成直平组合立体火驱技术，突破高凝油微生物化学复合驱油配方体系，建立超稠油蒸汽驱实施条件与技术界限，支撑油田稳产上产。在储气库技术方面，创新提出建库与提高采收率联动理念，建立断层封闭性评价标准，支撑双 6 储气库扩容上产和雷 61、马 19 等复杂类型油气藏建库。在工程技术方面，建立致密储层可压性评价方法，研制成功 3 种新型压裂材料，助推增储建产和压裂降本。推广小修替大修、大口径管道自动焊等技术，热采井预应力完井配套工具填补油田技术空白。在信息技术方面，在锦州采油厂、特种油开发公司建成物联网首批试点，第二批项目前期工作进展顺利，油田井、站数字化覆盖率分别提升至 39%、44%。完成国家信息试点 D1 项目年度任务，采油工程（A5）、梦想云（A6）、财务共享（D13）等统建系统实现升级应用。获省部级科技成果一等奖 2 项、二等奖 2 项、三等奖 8 项，国家授权专利 430 件，取得近 10 年最好成绩，首次获中国创新方法大赛一等奖。

【安全环保】 2020 年，辽河油田坚持把安全环保作为不可逾越的底线要求，落实"四全"（全员、全过程、全天候、全方位）原则、"四查"（查思想、查管理、查技术、查纪律）要求，严守"五个零容忍"（对生态环境保护违法违规"零容忍"、对油气泄漏及火灾爆炸"零容忍"、对不合格承包商"零容忍"、对工程质量重大问题"零容忍"、对特种设备带病运行"零容忍"）红线，以"安全执行年"为载体，严格风险防控、环境治理、质量管理措施，强化 QHSE 一体化管理。坚持将疫情防控作为贯穿全年的重点任务，成立辽河油田防控领导小组，建立中国石油辽西地区企业联防联控机制，制订"四控"方案，多措并举打好防控阻击战。下发防控指令 37 个，投入 1200 余万元采购防疫物资，排查重点人员 4.4 万人，外防输入、内防反弹取得积极成效。落实精准防控策略，有序组织复工复产。强化常态化疫情防控，油区形势保持稳定。推进三年整治行动，突出动态施工、承包商、危险化学品等高风险领域，开展诊断评估查改问题 7537 项。投入 2.28 亿元治理硫化氢、油气管道等重大隐患 605 处，有效解决城区井占压等问题。健全完善从严监管机制，违章处罚 698 万元、失职追责 43 人，一般 C 级事故同比下降 47%。开展全要素量化审核，深化 QHSE 体系建设，连续保持良好 B1 级水平。加大环境保护力度，制订绿色发展行动计划，绿色修井技术应用 100%、油泥源头减量 4000 吨、固相综合利用 58 万立方米，5 个单位 17 个矿权进入国家绿色矿山遴选名录，COD、二氧化硫、氮氧化物分别同比下降 6.7%、20.1%、22%，五年产能建设环评、环保区调规等工作进展达到预期。实现节能 4.6 万吨标准煤，单位油气生产综合能耗创"十三五"最好水平。加强与钻探企业工作交流，制定钻井施工质量考核细则，建立全生命周期井筒质量管理责任架构。严肃查处不合格井 90 口，井身、固井质量合格率分别提升至 98%、74%。查改工程质量问题 1516 项，追回损失 295 万元。抽检产品 9717 批次，查处不合格产品 168 批次，挽回损失 447 万元。

【企业党建工作】 2020 年，辽河油田组织两级党委中心组学习 664 次、研讨 209 次，巩固深化主题教育成果，用党的新理论和要求武装头脑、指导实践。坚持战略引领，完善油田"十四五"中长期发展规划，优化调整油气发展目标和业务发展布局，形成系统规划体系，指导油田高质量发展。坚持思想引领，将"战严冬、转观念、勇担当、上台阶"主题教育与"四大"形势任务教育融合推进。开展纪念辽河油田开发建设 50 周年系列活动，引导全员回答好"应对低油价、我们怎么办"，凝聚勠力同心战严冬的整体合力。聚焦发展主题"管大局"，坚持议大事、抓重点，完善党委发挥领导作用的制度机制，修订党委工作规则、"三重一大"决策等制度 20 项，辽河油田党委研究议题 163 个，确保党委领导作用发挥组织化、制度化、具体化。坚持重成效、抓关键，推进党建工作与生产经营深度融合，制定实施指导意见，发布、推广优秀实践成果 40 项，深化党委结对帮扶，实行党建考核与生产经营联动。坚持抓基层、打基础，深化"三基本建设"（基本组织、基本队伍、基本制度），推进党支部标准化规范化建设和达标晋级管理，创建党建项目 220 项、共产党员先锋工程 1280 项，推进党建信息化平台 2.0 推广应用，党的组织覆盖和工作覆盖质量持续提升。完成工会、团委换届，推进民主管理，基层党组织和工团组织建功创效成效明显。坚持管干部、育人才，完善中层领导人员管理办法、选拔任用规范，实施年轻干部"115"培养工程，选拔任用、调整交流中层领导人员 125 人，"80 后"比例提升到 4.7%。深化"双序列"改革，推动专家负责制，选聘两级技术专家和一级工程师 85 人。坚持强监督、严执纪，受理信访举报 120 件、纪律处分 155 人。开展三轮党内巡察，覆盖 4 个机关部门、19 个二级单位、8 个多种经营企业。实施提质增效跟进监督、重大工程合规监督，推进专案后续处置。坚持转作风、办实事，开展"三个面向、五到现场"大调研，出台机关作风建设十二条规定。强化"担当尽责、马上就办"，精减文件和会议，优化评比考核管理，推动辽河油田机关深入基层解决问题 716 个。强化政法维稳工作，发挥公检法作用，维护平安稳定大局。

（沈明军　石　坚）

中国石油天然气股份有限公司
长庆油田分公司
（长庆石油勘探局有限公司）

【概况】　中国石油天然气股份有限公司长庆油田分公司（长庆石油勘探局有限公司）简称长庆油田。长庆油田成立于 1970 年，总部位于陕西省西安市，主营鄂尔多斯盆地的油气勘探、开发、生产、储运和销售等业务，盆地面积 37 万平方千米，是中国第二大含油气盆地。盆地油气资源丰富，但地质条件复杂，资源禀赋差，非常规油气占主导地位，油气层被业界形象地称为"磨刀石"，是典型的低渗、低压、低丰度的"三低"油气藏，其经济有效开发属于世界性难题。

2020 年，长庆油田生产原油 2467.2 万吨、生产天然气 448.53 亿立方米，分别同比增加 51.17 万吨、36.03 亿立方米，油气当量突破 6000 万吨，创造国内油气田年产量历史最高纪录。收入 1133.06 亿元，利润总额 156.9 亿元；实现资产回报率 5.54%，现金贡献 22.53 亿元，上缴税费 140.47 亿元（表 2-3）。2020 年底，长庆油田有 14 个采油单位、10 个采气单位及其他科研、后勤服务等单位，用工总量 6.8 万人。

【"十三五"回顾】　"十三五"期间，长庆油田新增油气储量位居国内油气田首位，年产油气当量创国内油气田新纪录，收入、利润均排名集团公司第一。按照习近平总书记做出"大力提升国内油气勘探开发力度"的重要指示批示精神，长庆油田研究制定"二次加快发展"战略，推动油田从持续稳产转入快速上产，油气当量在 5000 万吨连续 8 年高效稳产的基础上，一举突破 6000 万吨，开创中国石油工业发展史上的新纪元。

表2-3　长庆油田主要生产经营指标

指　标	2020年	2019年	2018年	2017年	2016年
原油产量（万吨）	2467.2	2416.03	2377.02	2372.02	2392.01
天然气产量（亿立方米）	448.53	412.5	387.48	369.43	365.02
新增原油产能（万吨）	329.76	345.96	264.4	244.7	266.6
新增天然气产能（亿立方米）	92.9	96.81	83.28	86.69	25.53
二维地震（千米）	4451	1000	3849	5500	7776
三维地震（平方千米）	0	1500	879	160	40
探井（口）	420	230	540	470	398
评价井（口）	358	172	379	320	382
开发井（口）	3796	6050	7228	6747	5664
钻井进尺（万米）	1271.02	1740.26	2143.63	1912.71	1434.16
勘探投资（亿元）	38.12	51.81	51.19	47.14	41.82
评价投资（亿元）	16.09	18.67	18.18	19.63	17.29
开发投资（亿元）	426.39	503.54	487.49	374.3	286.24
资产总额（亿元）	3682.96	3481	3532.37	3310.61	3314.82
收入（亿元）	1133.06	1339	1338	1117	912.12
利润（亿元）	156.9	321	313	183	84.06
税费（亿元）	140.47	196	237	193	118.10

增储上产实现历史性跨越，发现庆城10亿吨级页岩油大油田，落实盆地西缘两个亿吨级复合含油区，首次发现宁夏、庆阳两个千亿立方米整装气田，建成国内首个百万吨页岩油示范区，致密气年产量达到330亿立方米，占全国天然气产量的五分之一。"十三五"期间，新增油气探明储量在集团公司占比44%，累计生产油气2.78亿吨。经营业绩始终名列前茅，坚持低成本发展，推进全员、全过程、全要素降本增效，投资规模全面受控，运行成本逐年下降。累计收入5839.18亿元、利润1057.96亿元，经济增加值、自由现金流排名集团公司所属企业前列。科技创新取得标志性成果，页岩油、致密气部分勘探开发技术达到国际领先，数字化覆盖率96.7%，中小型场站无人值守覆盖率83%，

建成国内最大的油气生产物联网系统。获国家科学技术进步奖 1 项、省部级科技成果 79 项、"五小"成果 968 项。企业改革获得实质性进展，构建"油公司"模式，加快推进业务共享，完成"三供一业"移交、医疗业务改制、社区职能剥离、厂办大集体改革等重点任务。稳步推进三项制度改革，构建"作业区—中心站—无人值守站"新型劳动组织架构，深化工效挂钩机制，实物劳动生产率提升 20%。风险防控体系不断完善，推进生态文明建设，打造林缘区、水源区等 8 种生态保护模式，井下清洁作业实现全覆盖，主要污染物排放全面受控，累计节能 23 万吨标准煤、节水 220 万立方米。加强文化阵地建设，深挖"磨刀石"精神内涵，推进"重塑良好形象"活动，获评"全国企业文化建设示范基地"。84 个集体、76 名个人获省部级以上荣誉，5 人获"全国劳动模范"和"全国五一劳动奖章"。油田全方位支持地方经济社会发展，定点扶贫村全部脱贫"摘帽"，树立责任央企良好形象。和谐发展基础更加牢固，员工收入与企业效益同步提升、惠民项目有序推进，一线问题得到妥善解决，员工生活条件持续改善，矿区环境设施和服务品质不断提升。

【油气勘探】 2020 年，长庆油田实现 1 亿吨优质高效储量的快速落实和增储上产。加大天环新区甩开勘探，在侏罗系、长 8 等多个层系发现高产含油富集区，形成哈巴湖、平凉北两个新的亿吨级战略接替区。深化技术提产提效，陕北长 8 新增储量品质较好，为老油田发展提供新的资源基础。推进页岩油整体勘探，落实陇东和陕北两大含油区带，在陇东地区快速建成百万吨页岩油开发示范区，陕北新区页岩油攻关取得实效。加大陇东新区甩开勘探，发现多个含气富集区，为打造甘肃老区千万吨油气生产基地奠定资源基础。坚持多层系立体勘探，深化天环坳陷成藏研究，加强三维地震应用，加大甩开力度，含气富集区范围进一步落实并扩大。开展天然气风险领域研究与目标评价工作，初步形成两个新的接替领域。

【油气开发】 2020 年，长庆油田油田开发坚持效益优先，在陇东地区部署产能 308 万吨，产能占比由 2019 年的 51.5% 提高到 56.9%；转变开发理念，突出大斜度井、水平井规模开发，全年实施 925 口，建产能 174.1 万吨，占比 64.5%；突出浅层高效建产，浅层油藏规模由 114.5 万吨增加到 125.8 万吨，全年完钻井 715 口，单井初期平均日产油 2.5 吨，建产能 59.1 万吨；实施"大井丛、工厂化"建产模式，全年新建原油产能 269.9 万吨，通过优化部署、优化井型，新井日产提升至 3.7 吨，同比提高 0.7 吨。夯实油藏精细描述、精细注水等油水井治理基础工作，分注率提高 4.5 个百分点，自然递减率下降 0.2 个百分点，长停井、侧钻井、套损井专项治理增产 22 万吨，原油产量同比增加 51 万吨，国内合作超产 2.4 万吨，采油二厂、十厂、十一厂等 10 家单位超计划运行。气田开发突出大平台部署、井型优化，推进丛式井组集中建产和水平井规模开发；优化生产组织，加快试气投产，自营区累计完钻气井 1992 口，完试井 1919 口，求产 1564 口，平均无阻流量 29.02 万米^3/日，其中无阻流量大于百万立方米井 109 口；投产 2060 口，开井 1919 口，日产气量 2590.5 万立方米，年累计产气 31.32 亿立方米，产能到位率 87.3%，新井贡献率 16.2%。突出气田差异化增压开采，规模实施排水采气和千口气井评价挖潜，措施增产 30 亿立方米，综合递减率下降 0.5 个百分点，天然气产量同比增加 36 亿立方米。

【经营管理】 2020 年，长庆油田推进油气完全成本控降三年行动，实施 143 条刚性措施，主动化危为机。优化方案部署，精细过程管控，完善工程造价标准体系，盘活闲置资产，深化修旧利废，控降投资 55.3 亿元；压减水电运输、物资材料、业务外包等主干费用和非生产性支出，推广车辆、食堂公寓等区域共享，在消化新增因素基础上成本控降 18.2 亿元，油气综合运行成本同比下降 7%；实现提质增效 111.4 亿元。拓展天然气销售市场，主动"走出去"开拓周边用户，完成自主销售 15 亿立方米，形成以销促产、产销两旺的良好局面。

【企业改革】 2020 年，长庆油田"油公司"改革试点初见成效，机关"大部制"压减机构 29 个，退休人员社会化管理移交完成，物资采供、车辆运输、食堂公寓等业务区域共建共享模式基本形成；陇东页岩油开发项目部率先实行两级管理模式，4 家采油气单位机构整合工作基本完成，基层站库"两册"覆盖率 66%。开展对标世界一流管理提升行动，建立健全"四纵四横"对标体系，挖掘典型经验，培育镇原油田、苏东南及苏 6 区块等一批效益示范区，深化法治建设与合规管理，推动治理效能持续增强。

【科技创新】 2020 年，长庆油田扩大黄土塬可控震源三维地震技术应用，采集效率和部署成功率实现"双提升"。页岩油、致密气集成创新"甜点"预测、立体布井、三维优快钻井等 21 项配套技术，低成本高效开发模式初步形成。推进空气泡沫驱和二氧化碳驱攻关，开展超低渗透油田转变开发方式试验，提高采收率工程覆盖产量规模持续扩大，建成姬塬油田国家级 CCUS 示范工程综合试验站。推进优快钻井、体积压裂等工程技术升级，规模实施小井眼钻井、石英砂支撑剂、低成本压裂液、DMS 可溶球座等技术，推广地面工程标准化设计全覆盖，助推本增效。加快数字化转型升级，智能化油田蓝图正式上线，数据湖、云平台主体架构基本成型，初步实现生产管理由"业务驱动"向"数据驱动"转变。

【安全环保】 2020 年，长庆油田健全责任体系，提升履职能力，全员安全环保意识明显增强。深刻吸取"3·23""8·28"事故事件教训，部署油气管道隐患治理三年行动，加强 QHSE 审核发现问题追溯，突出抓好井控、油气泄漏、承包商等重大风险管控。狠抓质量违规问题处理，加大监管力度，处理"三商"5759 家，清退 167 家，同比增长 3.8 倍、6.6 倍，井筒、地面、产品质量合格率不断提高。开展安全生产专项整治，生产单位双重预防机制全面建成，重点隐患治理取得实效。推动绿色清洁发展，深化大气、土壤、水资源污染防治，4 家单位 8 个采矿权进入国家级绿色矿山名录。强化绿色矿山创建，制订黄河流域生态环境保护工作方案，坚持井下清洁作业全覆盖，扩大钻井、压裂返排液循环利用，源头减少油泥 9300 吨、废液 135 万立方米，污染治理能力明显提升。

【队伍建设】 2020 年，长庆油田树立鲜明用人导向，严格选人用人工作程序，坚持把基层作为培养和选拔干部的主战场，选拔政治素质好、工作作风实、敢于担当负责、业绩表现突出的干部。探索构建年轻干部日常发现、动态管理、持续培养、大胆使用工作机制，主要油气生产单位均配备有"80 后"班子副职，"80 后""70 后"班子成员分别占比 18%、58%。强化干部思想政治理论教育、实践锻炼培养、岗位交流培养和日常监督管理，干部队伍担当作为能力持续提升。打造高素质专业化人才队伍。强化领军科技人才队伍建设，实施育才引才"双千工程"，推进专业技术岗位序列改革向基层延伸，2020 年新聘任一级工程师 8 名。注重培育"石油名匠"，开展"砥砺奋进新时代，匠心筑梦新长庆"技能提升行动，承办全国采气工竞赛，参加全国集输工和创新方法竞赛，获奖 15 项，评选全国技术能手 3 人，建成甘肃省技能大师工作室 1 个，打造接替有序、一专多能的复合型人才队伍。

【企业党建工作】 2020 年，长庆油田聚焦"两个维护"，落实"第一议题"制度，推动习近平总书记重要指示批示和党中央重大决策部署落实落地，油田政治领导坚强有力，广大党员干部政治能力持续提升，党的建设展现新作为。深入开展"战严冬、转观念、勇担当、上台阶"主题教育，全面践行"大有大的样子"，细化"重规范、有风范、做示范"工作举措，推进公司治理体系和治理能力现代化。落实"中央企业党建巩固深化年"各项部署，抓牢基层党组织"三个基本"建设，创新发展"区域党建联盟"，组织力持续加强。突出政治标准和业绩导向，提拔和进一步使用中级管理人员 111 人次，其中"80 后"占比 30%；交流调整 191 人次，班子结构不断优化。贯通协同"四项监督"，推动以案促改制度化常态化，党员领导干部纪律规矩意识明显增强。大力加强企业文化建设，成立企地共建新时代文明实践中心，开展工会"七个一"和团员青年主题宣讲活动，凝聚推动二次加快发展的强大动力。

【党风廉政】 2020年，长庆油田一体落实"两个责任"。制定落实全面从严治党主体责任清单，构建一体推进"三不"体制机制，深化纪检体制改革，推动反腐败斗争由"治标"向"标本兼治"转变，员工群众对党风廉政建设和反腐败工作满意度96.9%。毫不松懈纠治"四风"。持之以恒纠治违反中央八项规定及其实施细则精神问题，坚决破除形式主义、官僚主义，扎实推进"六个专项治理"，党风企风呈现新气象。精准有力监督执纪。坚持严的主基调不动摇，贯通联动"四项监督"，全年立案审查56件，纪律处分111人，实事求是运用"四种形态"批评教育帮助和处理1284人次，营造风清气正的发展环境。

【矿区建设】 2020年，长庆油田进一步巩固深化学习践行"枫桥经验"成果，全面推行网格化管理，创新性实施信访积案项目化管理模式，为保障油田公司改革发展稳步推进、重点阶段秩序井然、打赢疫情防控阻击战等各项重大部署顺利完成做出新的贡献，得到集团公司党组嘉勉通报，获"陕西省信访工作先进单位"。深入开展油气田及输油气管道治安秩序综合整治，持续健全完善立体化、信息化、智能化防控机制，油气区发案总量和严重涉油刑事犯罪大幅下降，长输管道打孔盗油实现"零发案"；治安反恐防范一级重点目标达标建设任务按期完成，特别重点阶段和特殊敏感时期油气基础设施安全平稳运行，受到所在省（自治区）及集团公司表彰奖励。

【民生工程】 2020年，长庆油田认真做好新冠肺炎疫情期间生活保障，协调畅通复工返岗、轮休返家"绿色通道"，拓展惠民服务，强化医疗健康管理，切实为员工群众排忧解难。推进矿区"服务大提升"活动，"三供一业"改造全部完成，老旧小区电梯加装试点开工，黄河水、天然气引入庆城基地，服务满意度进一步提高。创新信访积案项目化管理，警企联合开展"战疫情、强整治、保生产"专项行动，确保油区大局稳定。

【长庆油田开发建设50周年庆祝大会】 2020年10月20日上午，长庆油田开发建设50周年庆祝大会在长庆油田的发源地——甘肃庆城举行。大会回顾长庆油田半个世纪波澜壮阔的发展历程，全面总结长庆油田卓越丰硕的发展成果，旨在追根溯源，铭记历史，传承石油精神，弘扬石油文化，提振全员士气，凝聚发展力量，坚持企地携手，共谋发展蓝图，持续开创油田高质量发展新局面，共同谱写企地融合发展新篇章。与会领导为12位劳模代表颁授长庆油田开发建设50周年纪念章；劳动模范代表刘玲玲做发言；长庆油田分公司党委书记、总经理，长庆石油勘探局有限公司执行董事、总经理，中国石油驻陕西地区企业协调组组长付锁堂作题为《砥砺奋进五十载，继往开来谱新篇，奋力打造新时代国有企业高质量发展典范》的发言；甘肃省副省长李沛兴、集团公司党组成员、副总经理焦方正发表讲话。

（卢晓东）

中国石油天然气股份有限公司
塔里木油田分公司

【概况】　中国石油天然气股份有限公司塔里木油田分公司（简称塔里木油田）前身是 1989 年 4 月成立的塔里木石油勘探开发指挥部，主营业务包括油气勘探开发、油气销售、科技研发。总部位于新疆维吾尔自治区巴音郭楞蒙古自治州库尔勒市，作业区域遍及塔里木盆地周边 20 多个县市，有探矿权面积 13.17 万平方千米、采矿权面积 9054 平方千米。2020 年底，塔里木油田设机关职能处室 16 个，直属机构 2 个，附属机构 3 个，二级单位 26 个，员工总数 9771 人。

2020 年，塔里木油田生产石油液体 602.01 万吨、天然气 311.03 亿立方米，油气产量当量 3080 万吨，实现工业总产值 407.16 亿元，收入 450.43 亿元，上缴税费 68.69 亿元，高质量建成 3000 万吨大油气田（表 2-4）。

【"十三五"回顾】　"十三五"期间，高质量建成 3000 万吨大油气田，开创塔里木油气事业加快发展的新局面。

立足大盆地、寻找大场面，大打油气勘探进攻战，获 2 个战略突破（中秋 1 井、轮探 1 井）、33 个重要发现，落实库车山前两个万亿立方米大气区（博孜—大北、克拉—克深）、台盆区一个 10 亿吨级大油气区（富满油田）。推进富油气区带集中规模建产，统筹规划建设重点区块骨架工程和主力气田联络线，新建产能原油 380 万吨、天然气 137 亿立方米，产能当量创历个"五年规划"最高。全覆盖开展老油气田综合治理，原油综合递减由 12% 降至 10%，气区负荷因子由 1.10 降至 1.06，老区重回合理开发秩序。五年来，储量产量持续高峰增长，塔里木油田实现从 2500 万吨向 3000 万吨的历史跨越。

坚持科技先行、技术立企，深化地质认识、攻关技术瓶颈、控降开发成本，

表2-4 塔里木油田主要生产经营指标

指 标	2020 年	2019 年	2018 年	2017 年	2016 年
原油产量（万吨）	602.01	576.01	551.53	520.21	550.01
天然气产量（亿立方米）	311.03	285.51	266.21	253.27	235.62
新增原油产能（万吨）	92.00	97.33	86.20	59.89	44.31
新增天然气产能（亿立方米）	41.25	39.71	20.95	21.47	14.01
二维地震（千米）	1458	630	2264	3184	3274
三维地震（平方千米）	4714	3240	3386	1534	1125
探井（口）	66	87	89	86	74
开发井（口）	123	224	198	158	136
钻井进尺（万米）	75.10	127.45	107.14	97.55	67.97
尿素产量（万吨）	72.26	57.56	48.96	66.64	62.20
资产总额（亿元）	999.27	921.91	819.92	855.77	903.62
税费（亿元）	68.69	68.69	77.16	71.74	63.15

创新发展含盐前陆冲断带、超深海相碳酸盐岩两项油气地质理论，攻关配套高精度三维地震、超深井优快钻井、低渗透体积压裂、多介质长输处理等一系列关键技术，支撑超深复杂油气藏规模效益开发。高标准推进数字化油田建设，井场、站场数字化率分别从35%、60%提高到91%、100%。完善以我为主、联合攻关的开放式科研体制，建立圈闭研究、重大发现、效益超产等精准激励政策，强化科技成果和知识产权管理，获科学技术奖国家级1项、省部级79项，专利授权759项。

增强企业创效能力，实施勘探开发、炼油化工、安全环保、后勤辅助等领域20余项改革举措，压减处科级机构225个，控减两级机关人员1091人，主营业务单位占比从40%提高到62%。加强基础管理，全面完成劳动"五定"工作，健全完善岗位责任制，系统梳理制度流程和技术标准，制定发布安全"双十条"和各业务管理手册，企业管理基础不断夯实，管理效率、管控能力大幅提升。积极应对低油价挑战，常态化推进开源节流降本增效，精细计划经营管理，累计上缴税费335亿元，经济效益保持行业领先。

坚决贯彻新时代党的治疆方略，聚焦总目标、打好"组合拳"，打造塔西南战略支点，依法加强民族团结和宗教事务管理，牢牢守住塔里木阵地。坚持发展成果共建共享，升级改造库尔勒和泽普两个石油基地，推进实施办公、住房、矿区建设等 53 项民生工程，职工群众工作生活条件改善。深化油地融合发展，建立油地联席、干部交流等机制，成立塔中西部、巴州能源两个合资公司，选派 5 批次 203 名干部专职从事驻村工作，不断扩大"气化南疆"规模，精准助力南疆脱贫攻坚，树立良好的石油形象和塔里木品牌。

加强和改进党工委统一领导，深化甲乙方联合党建，狠抓"三基建设"，形成塔里木特色党建品牌。树立鲜明选人用人导向，推进干部年轻化，中层年轻干部占比提高 18%。推进党风廉政建设，打出正风肃纪组合拳。弘扬石油精神，完善企业特色文化，拓展塔里木精神，凝聚干事创业的正能量。

【油气勘探】 2020 年，塔里木油田按照"瞄准大场面、进军新领域，加大风险勘探，加强精细勘探，加快寻找战略接替资源和规模优质储量"的勘探思路，实施"3+2"战略部署，突出库车新区、寒武系盐下、塔西南山前三个新区新领域风险勘探，开展三维地震采集处理解释一体化会战和圈闭研究会战，持续推进库车天然气、塔北石油两个根据地集中精细勘探，储量继续保持高峰增长。完成当年投资 4 个线束地震采集项目实物工作量 215.88 千米（有资料面积 105.19 平方千米）、5 个二维地震采集项目实物工作量 701.2 千米、8 个三维地震采集项目偏前满覆盖面积 4186.795 平方千米；完钻探井 44 口，探井进尺 25.03 万米；19 口井获工业油气流，获 2 个重大突破（塔北寒武系盐下轮探 1 井重大突破、塔北奥陶系深层满深 1 井重大突破）、8 个预探发现（博孜 7、博孜 13、博孜 15、博孜 18、克深 17、中古 71、鹿场 1、哈得 32）、6 个评价进展（博孜 3、博孜 12、大北 9、大北 14 气藏评价进展顺利，跃满西、富源 II 区油藏评价进展顺利）。其中，塔里木盆地塔北寒武系奥陶系深层勘探重大突破获集团公司重大发现特等奖，塔里木盆地库车坳陷博孜区块天然气勘探重要成果获集团公司重大发现一等奖。物探工作全面提质提速，采集三维 4498 平方千米，处理资料 1.2 万平方千米，年度采集处理进度和质量创历史新高，新发现和重新落实圈闭 117 个。

【油气开发】 2020 年，塔里木油田科学组织油气生产，在低油价下实现发展速度不降、质量更高。优化产能建设部署，集中在博孜—大北、富满等高效区块建产，新建产能原油 92 万吨、天然气 33.4 亿立方米，在投资下降 13.9% 的情况下超额完成产建任务。高效推进地面工程建设，投产克深联络线、阿克处理厂等 13 项重点工程，库车山前主力气田互联互通，富满油田骨架管网加快完善，有效释放生产能力。老区实现效益开发，常态化推进老油气田综合治理，全面推行"三总师"（总地质师、总工程师、总会计师）会审机制，择优实施措施作业 77 井次，恢复产能原油 17.7 万吨、天然气 10.5 亿立方米。强化产、运、销一体化协同，超前研判油气市场变化，建立随油价变动的生产动态调整机制，关停 2 个负效油田和 182 口边远无效井，减少无效产量 4.6 万吨。生产组织精细高效，以战时状态统筹做好疫情防控、油气生产和复工复产，分区配置物资、水电、运输等生产服务资源，点对点组织员工返岗。

【科技与信息化】 2020 年，塔里木油田深化基础地质研究和关键核心技术配套，集成配套工程和油气开发关键技术，推进数字化油田建设，初步建成"塔油坦途"。地质理论方面，深化油气地质理论认识，深化克拉苏构造带断裂体系认识和碳酸盐岩油气成藏与分布规律研究，引领油气勘探持续突破。物探方面，开展高精度三维地震采集处理一体化攻关，探井成功率、开发井高产井比例分别同比提高 3 个百分点和 14 个百分点。钻井方面，复杂山地密度三维地震技术、黄土塬及大沙漠区地震关键技术、超深复杂井筒复杂储层测井关键技术取得新进展，形成全生命周期地质力学技术系列，配套完善盐下大斜度井及水平井钻井、巨厚难钻砾石层钻井提速、超深复杂储层精细化改造等工程技术，储层改造平均增产 5 倍，建井整体提速 10.4%，盐上砾石层钻井周期同比减少 80 天。开发方面，发展完善高压超高压裂缝性砂岩气藏高效开发技术、凝析气藏开发中后期提高采收率技术、碎屑岩油藏开发中后期提高采收率技术、缝洞型碳酸盐岩油气藏断控型油藏描述与提采关键技术，开发高产井比例同比提高 11.9%。信息化建设方面，推进物联网、梦想云、区域湖等基础建设，初步建成塔里木数据银行，依托集团公司梦想云架构和平台初步建成塔里木智能网络协同工作平台"坦途"，在 11 月 27 日集团公司梦想云发布会正式发布，实现应用模块化、软件云化共享。塔里木油田数字化油田项目 12 月 23 日通过验收，初步建成数字化油田，促进勘探开发数据共享和系统集成应用。2020 年牵头承担国家科技重大专项示范工程 1 个、股份重大科技专项项目 1 个，联合承担集团战略合作专项 1 个，参与承担国家项目 8 个、集团公司项目 8 个，获省部级科技奖励 19 项。

【安全环保】 2020 年，塔里木油田强化责任落实、狠抓风险防控、加快隐患治理，扎实开展体系审核，安全环保形势总体稳定。深刻吸取博孜 3-1X 井重大井控险情教训，组织开展全员大反思，系统梳理职责界面和制度标准，推进风险隐患排查治理，整改各类问题 1.4 万余项。制定发布塔里木油田三年行动实施方案，发布《安全生产与环境保护管理职责规定》，完善安全生产责任制，实施安全生产述职制、约谈制、记分制、"区长"制、承包点制。制定发布直接作业环节安全管理十条措施，强化十条安全禁令执行。组织井控隐患大排查，查改问题 1.6 万余个；开展大型压裂施工、天然气井生产等四个专业领域问题集中整治，查改问题 179 项。开展监督检查作业现场 2795 次，现场纠正问题 2782 项。推进"两册"（QHSE 管理手册 + 业务手册）建设，编制发布基层"两册" 3598 册，初步形成规范指导基层工作的管理及操作标准。开展现场体系审核，发现问题 2542 项。推进清洁生产，塔里木河上游湿地保护区 8 口油井退出，第一轮中央环保督察问题全部整改销号。推进绿色矿山创建，克拉、哈得、大北、迪那和牙哈 5 个区块进入国家"绿色矿山"名录。开展清洁生产工作，推进钻井废弃物不落地工艺，处理钻井泥浆废弃物 44.6 万立方米，推广使用钢木基础等配套清洁生产技术 86 井次。开展土壤地下水调查，完成 3 个高关注、7 个中关注地块监测，监测结果达标。实施节能减排，节能 3.46 万吨标准煤，节水 13.3 万立方米，核减重点排污单元 16 个。

【提质增效】 2020 年一季度，受全球新冠肺炎疫情影响，国际油价暴跌，投资、效益锐减，产销压力巨大，油田生产经营和改革发展遇到巨大的困难和挑战。3 月 9 日，塔里木油田党工委召开紧急会议，研究应对策略，要求班子成员深入分管领域调研，全面摸查提质增效潜力。班子成员以现场考察、座谈研讨、个别访谈等方式深入基层调研 95 家次、专题研究 14 次，确立"三控三提"（控投资、控成本、控递减，提高经济效益、提高劳动效率、提升本质安全水平）总体目标，制定 10 方面 55 项 480 条具体措施。同时成立提质增效专项行动领导小组，制订配套方案，出台甲乙方共渡难关十条意见。重新签订各单位业绩合同，实行周跟踪、季考核、月兑现，设立 1 亿元提质增效专项奖。多措并举，在低油价下实现利润总额、净利润、经济增加值三个"板块前列"，创油气基本运行费、所得税税负率、资产负债率三个"五年最好"。

优化部署谋划，调整优化投资成本结构，集中资金动用优质资源。优化勘探部署，加强新领域风险勘探和重点区集中勘探，将产能建设集中在博孜—大北、塔河南岸等高效区块。优化开发部署，整体在高效区块集中建产，新井平均日产油 41.3 吨、产气 17.4 万立方米，内部收益率提高 5 个百分点。建立随油价变化的生产调整机制，提高天然气产量占比，整体关停负效油田，减少无效产量。优化措施作业，建立方案设计"三级审查"和措施作业"三总师"会审机制，在投资成本大幅控减的情况下，实现发展速度不降、质量更高。

深化精益管理，强化储量创效，树立储量资产意识，加强效益勘探和老区挖潜，开展半年 SEC 储量评估及挖潜，新增 PD 储量 3000 余万吨，降低折耗 10.9 亿元。强化修旧利废，全面盘查库存物资，实行降积压、降库存、降闲置，不新买油管、不新买采油气树的"三降两不买",盘活资产5亿元。强化物采管理,推行集招集采、代储代销和大宗物资设备国产化采购,对已签订单开展调价谈判,油基钻井液下浮22.9%,采油气树下浮66.7%。优化承包商经营,通过整合同质同类业务、优化工艺流程和方案、统一技术标准和要求、完善发包方式和计价方式,统筹配置资源、提升关键岗位薪酬待遇。争取政策红利,用好新资源税法,用足科研加计扣除、疫情期间相关优惠政策,减税降费1.6亿元。严控人工成本和管理性支出,压缩劳务用工规模,从严从紧控制劳务费、培训费、福利费、工会费和机关费用等项目计提和使用。优化市场布局,提早预判天然气供需变化,加大周边市场开拓力度,开发优质客户89家、增销6亿立方米,南疆天然气市场份额由72%提高到75%。

强化技术攻关,与东方物探合作开展物探工作会战,集中精力、突出重点开展7块6834平方千米地震采集处理解释一体化攻关。升级钻井提速模板,优化井身结构,推广应用空气钻井、精细控压等新技术,整体提速10.4%,平均单井钻井液漏失下降18.5%。建立"能混输不分输、能集中不分散、能自压不增压、能国产不进口、能利旧不新购,减阀门、减仪表、减尺寸、减功能、减面积"的"五能五减"设计准则,压减冗余功能,实施标准化设计、模块化建设,控减地面投资1.4亿元。坚持稀井高产,对碳酸盐岩躺井、低效井开展水力增压扩容、深度延迟改造、短半径侧钻,提高单井累计产量和储量动用程度。转变碳酸盐岩开发方式,将定容体油藏"自喷—机采—注水"三段式开发优化为"自喷—注水"两段式开发,减少不必要的投入。加快数字化转型,建成"塔油坦途"梦想云平台,大型场站、钻完井现场数据自动采集率100%。

【企业党建工作】 2020年,塔里木油田党工委突出全面从严治党,建立学习贯彻习近平总书记重要指示批示精神落实机制,以高质量、跨越式的发展成果践行"两个维护",加强基层党建,开展主题教育活动,强化对外宣传,突出共建共享。坚持"好干部"标准,打破年龄、资历、身份界限,吸纳行业内管理技术骨干,加大优秀年轻干部培养选拔力度,39名"80后"干部走上中层领导岗位。深化"双序列"改革,选聘6名企业首席技术专家、7名企业技术专家、22名一级工程师。开展述职评议考核,推进党建与业务融合,靶向开展课题研究,建成7个党建示范点。完成集团公司党组巡视反馈问题整改,开展党工委巡察和基层党委内部巡察。强化监督执纪问责,突出政治监督,严格日常监督,持续保持惩治腐败高压态势。开展"战严冬、转观念、勇担当、上台阶"主题教育活动。组织党员自愿捐款支持新冠肺炎疫情防控工作,6549名党员捐款236万余元。加大典型选树力度,杨海军获全国劳动模范称号。常态化做好维稳工作，建立重点人员专班研判机制，突出重点场所、重点时段安保防范，配合扫黑除恶专项斗争，实现"三不出"（大事不出、中事不出、小事也不出）。践行"两个一切为了"工作理念（一切为了三千万、一切为了老百姓），实施幼儿园扩建、一卡通升级、基地美化绿化工程，加快石油花园小区和科技研发中心建设，员工群众工作生活环境进一步改善。

【企业改革】 2020年，塔里木油田制定对标世界一流管理提升和改革三年行动实施方案，加强改革顶层设计，落实专业化发展要求，按照集团公司《关于塔里木油田分公司化工业务实施重组的通知》要求，10月将塔里木石化分公司、乙烯工程建设项目经理部以及化工业务管理人员整体划转独山子石化分公司。开展退休人员社会化改革，完成退休人员管理服务职能、人事档案、党组织关系和社会保障移交工作，移交管理服务职能 6329 人、人事档案 6315 人、党组织关系 2085 人。完成北京办事处注销、塔里木石油酒店移交、矿区管理与维稳业务整合、编织袋业务退出等工作，油田业务发展进一步归核化。

【塔里木油田建成 3000 万吨大油气田和 300 亿立方米战略大气区】 截至 2020 年 12 月 20 日 24 时，塔里木油田年产天然气 301.59 亿立方米、石油液体 600.01 万吨，油气产量当量达 3003.12 万吨，全面建成 3000 万吨大油气田和 300 亿立方米战略大气区，油气产量和天然气产量双双实现新突破，成为中国陆上三个年产超过 3000 万吨的大油气田之一和年产天然气 300 亿立方米的大气区。

1989 年 4 月 10 日，塔里木石油勘探会战指挥部成立，塔里木新型石油会战正式打响。30 年来，塔里木油田实行"两新两高"管理方针，坚持走少人高效、稀井高产的低成本发展之路，攻克塔里木盆地一系列世界级技术难题，2000 年油气产量当量突破 500 万吨、2005 年突破 1000 万吨、2008 年突破 2000 万吨、2017 年突破 2500 万吨，成为西气东输主力气源地和中国陆上第三大油气田。

2018 年习近平总书记做出大力提升油气勘探开发力度重要批示。塔里木油田坚决贯彻落实习近平总书记重要批示精神，全力推进油气增储上产，落实博孜—大北万亿立方米大气区、富满油田十亿吨原油储量规模区，如期实现"十三五"规划目标。截至 2020 年，发现并开发轮南、塔中、克拉 2、克深等 32 个油气田，累计探明石油地质储量 11 亿吨、天然气地质储量 2 万亿立方米；生产石油液体 1.4 亿吨、天然气 3308 亿立方米，油气产量当量 4 亿吨，上缴税费 1609.6 亿元。履行央企责任，开展对口支援，建成南疆天然气利民管网、沙漠公路等重大民生工程，带动新疆 2.7 万人如期脱贫，为保障国家能源安全、促进经济社会发展做出贡献。

【疫情防控】 2019 年底至 2020 年初，新冠肺炎疫情突然暴发，塔里木油田勘探开发工作受到严重冲击。塔里木油田以各单位党委书记履行疫情防控第一责任人为主线，重点实施组织建设、系统搭建、环境消杀、物资保障、人员管控、物资管控、场所管控、核酸检测、应急处置、宣传教育 10 项措施，开展"战严冬、转观念、勇担当、上台阶"主题教育，实现"零疫情、零感染"。

组建领导小组，下设综合保障组、人员核查组等 7 个专项工作组，高效建成疫情防控信息登记系统，加强防疫数据收集汇总、分析管理等功能完善，实现流动人员基本信息清、健康状况清、行程情况清。建立日例会制度，做好重点项目、关键物资、核心人员流通问题协调。建立并完善特殊情况下区域作业队伍、区域物资共用机制。做好宣传教育与心理疏导服务，编制下发新冠肺炎疫情防控基本知识、疫情防控工作指导手册、疫情防控常态化工作方案。结合油田实际和疫情政策变化六次修订《塔里木油田新冠肺炎疫情防控工作指导手册》。将公共卫生、疫情防控等内容纳入 QHSE 体系统一管理。

管住员工及家属，加强人员信息核查，做到人员信息掌握细、实、准；突出境外及国内中高风险地区人员管理，严格执行境外及国内重点地区返回人员居家隔离、自我健康监测制度；突出热筛查制度严格执行，建立员工健康监测及报告制度，出现异常及时上报、送诊；做好全员核酸检测工作。管住承包商和外来访客，严控国内中高风险地区人员往来，中高风险地区人员暂停返回疆内工作地，暂缓倒班工作，就地休息、就地过节，落地后进行 3 天自我健康监测，提供"健康码"等健康情况证明，接受体温检测、监测。对进出外围出入口人员实行"戴口罩 + 测温 + 一卡通 + 大数据行程卡 + 核酸检测标签"查验。

落实保洁、环境卫生消杀措施，公共区域每日通风 3 次以上，公共物品及公共接触物品或部位每日 2 次消杀，食堂错时错峰错位就餐，炊灶具使用专用酒精消毒、餐饮具高温消毒。严格执行生产场所"五统一"（统一健康筛查、岗位管理、组织就餐、上下班、科学安排住宿）管理要求。管住施工作业场所，排查施工作业人员返程、隔离、复工等情况。管住会议场所，提倡开展电话、视频会议，对大型会议实行报备制度，参会人员全程佩戴口罩，保持 1 米以上距离。管住公共活动场所，减少非必要性群众聚集活动，确需举办的，降低人数、缩短时间，全程落实清洁、消毒等卫生措施。

制定发布中高风险地区生产物资疫情防控工作方案，对物资出厂、报关接运、国内发运、物资进场及采样、物资发放、料场管理、应急处置、消毒及个人防护等各环节严格落实方案措施。暂停进口冷链物资采购，明确基地小区居民不得通过快递等方式购买进口冷链食品。建立健全消耗性生产物资最低储备标准，将防疫物资纳入重点保障范围，统一采购调配和发放。按照疫情防控物资储备满足 30 天满负荷要求，多渠道、多方式采购防疫物资，采购口罩 68.1 万只、防护服 17.2 万套、消毒液 10.7 吨、配送物资 1242 吨。

研究制订疫情期间油气生产工作方案，明确工作重点及各专业具体实施方案，分区优化配置工程技术服务资源，优先保障重点井施工，上下联动优先解决原油、液化气拉运问题，保障油气生产后路。建立属地协调机制，成立 8 人现场协调小组，分派到巴州、阿克苏地区物资转运、交通枢纽和重点上产县市驻扎，协助甲乙方单位办理通行手续，运送油田甲乙方单位近 7 千人返岗复工，组织 1.8 万人返岗、2.5 万人坚守生产一线，3 月初重点工程 100% 复工复产。

制定《关于进一步强化疫情防控期间维稳安保工作的通知》《关于进一步加强人员安全防范工作的通知》等 13 项制度文件，做好基地小区中门值班值守工作，有效控制并降低人流、车流。加强出入口管理，严防陌生人员和健康不明人员进入。根据疫情形势变化，聚焦病例发现、场所封闭、信息上报、排查转运、环境消毒、配合隔离、核酸检测、舆情监控、复工复产 9 个关键环节，研究制订疫情应急演练方案，做到常态化精准防控和局部应急处置有机结合。

【博孜 3-1X 井重大井控险情处置】　塔里木油田博孜 3-1X 井是塔里木盆地库车坳陷博孜 3 气藏的一口开发评价井，位于新疆阿克苏地区温宿县境内。该井由西部钻探总承包，2020 年 6 月 24 日上午，在起钻过程中发生重大井控险情，8 月 17 日安装新井口，取得应急抢险决定性胜利。11 月 14 日塔里木油田召开井控隐患排查暨反思总结会，发布并推进井控管理整改提升计划。

井喷险情发生后，集团公司立即启动井控应急响应，抽调井控专家和专业救援力量到现场，组织开展抢险救援。博孜 3-1X 井抢险面临六大风险和难点：储层异常高压、地层压力高；现场主风向变化快、雨水、冰雹天气频繁，施工窗口窄；刺漏蔓延快、井况恶化快、装置破坏严重；现场噪声大，前期油气弥漫、后期热辐射强，作业环境险恶；作业平均需 35 米³/ 分供水量，抢险又恰逢新疆暴发第二次新冠疫情，应急保障难；套管头受大火炙烤，承压能力不定，重置井口后不具备压井条件，必须通过救援井压井，面临高精度中靶、高压力施工等一系列挑战，压井难度大。

6 月 28 日、30 日，两次实施堵漏压井作业，掌握井口压力、喷势情况，现场决定终止堵漏压井，启动重置井口，同步实施救援井。7 月 8 日、13 日，实施两次钻机拖移作业，将钻机拖离井口 76 米。7 月 14—29 日，实施 6 次井口切割作业，29 日按照"中间对口、左右扫切"的技术路线，使用现场发明自制的切割机，成功切倒升高短节以上的井口。7月30日—8月4日，实施19次罩引火筒作业，成功罩上引火筒。8月4—17日，进行下挖井场、拆卸旧井口、安装新井口作业。抢险处置打通救援道路3条4.5千米；抢建输水管线11条2.7千米，水池水罐7个、总蓄水量3.4万立方米。险情处置历经55天，于8月17日成功安装新井口，8月18日关闭防喷器。20日，将油气流接入生产流程，博孜3-1X井一次投产成功。

【井控风险管控升级】 2020年，博孜3-1X井重大井控险情发生后，塔里木油田落实集团公司党组对井控工作系列指示要求，于6月24日—7月4日，连续发布《关于加强2020年端午节期间钻、试、修重点井安全生产的通知》《关于加强安全生产工作的紧急通知》《关于进一步严格钻试修现场管理的紧急通知》《关于进一步强化目的层作业井井控管理的紧急通知》等，全面开展井控安全风险隐患排查治理，抓好井控风险管控。

强化排查反思，开展"四查"（查思想、查管理、查技术、查纪律）活动，检查钻修队伍120支，开展防喷演习106井次，排查在役生产井2385口、长停及弃置井1904口，评估关键岗位人员994人。发现问题1.6万余个，完成整改1.2万余项，完成40口井剪切全封一体化闸板更换，71支录井队全部安装溢流一键报警装置。组织反思总结会，甲、乙方14家单位对行业管理、钻井设计、现场实施、应急救援全流程井控工作进行反思。

强化红线意识，制定"井控十条禁令"，建立井控违章、溢流报告奖惩机制，严惩严处违反禁令的单位和个人。把6月24日作为油田井控警示日，组织实地教育和警示活动。

强化责任落实，压实业主单位属地管理、勘探公司过程管控、监督中心现场监督责任，建立钻井队、事业部两级验收机制，加强从钻前到交井全过程管控。细化监督履职清单，明确监督职责任务。

强化过程管控，执行"五个严格"（严格井控管理、严格技术标准执行、严格规范操作、严格人员培训、严格现场监督）要求，加强井场、装备标准化建设。树立"大井控"理念，健全地质、工程、地面三方联合踏勘井位机制，加强地质和工程设计深度融合。加快RTOC系统投用，实现现场施工全过程全方位监控。

强化能力提升，加强工程技术、井控专家、操作队伍建设，组织钻井工程成熟人才招聘。改进井控培训模式，加强实操培训和专业培训，严格井队资质审查和岗位能力评估。

强化应急管理，完善应急预案，在上产关键区域建立重泥浆应急储备站，形成油田区域化小应急、盆地一体化大应急体系。加快队伍磨合锻炼，做好物资装备补充升级。

【轮探 1 井在寒武系盐下获战略突破】 2020 年，塔里木油田轮探 1 井在寒武系盐下获战略突破。轮探 1 井位于塔北隆起轮南低凸起寒武系盐下台缘丘滩带上，是集团公司重点风险探井，2018 年 6 月 28 日开钻，2019 年 6 月 23 日完钻，完钻井深 8882 米，完钻层位震旦系。完井过程中对中下寒武统吾松格尔组—沙依里克组进行射孔机械分层酸压测试，折日产油 91 立方米，折日产气 2 万立方米。轮探 1 井测试获高产工业油气流，首次在盆地内 8600 米以下钻获寒武系玉尔吐斯组优质烃源岩，进一步证实玉尔吐斯组烃源岩主力地位，证实台盆区寒武系盐下发育两套优质储盖组合，发现全球最深古生界油藏。

【满深 1 井和哈得 32 井获重大突破】 2020 年，塔里木油田满深 1 井和哈得 32 井获重大突破。满深 1 井和哈得 32 井均为部署在满深区块西部 FI17 断裂带的预探井。满深 1 井 2019 年 8 月 6 日开钻，2020 年 3 月 16 日完钻，完钻井深 7665.62 米，完钻层位奥陶系一间房组。对奥陶系一间房组进行酸压测试，折日产油 624 立方米，折日产气 37 万立方米。

哈得 32 井 2020 年 3 月 8 日开钻，9 月 19 日完钻，完钻井深 7607 米，完钻层位奥陶系鹰山组。对奥陶系鹰山组进行测试，折日产油 315 立方米，日产气 4 万立方米。满深 1 井和哈得 32 井获得突破，新发现一条资源量超 2 亿吨富油气断裂，扩展塔北油田富满区块的勘探面积，证实塔北—塔中奥陶系整体连片成藏的认识。

【博孜区块天然气勘探获重要成果】 2020 年，塔里木油田博孜 7 井、博孜 15 井在白垩系巴什基奇克组获突破，博孜 13 井、博孜 18 井在白垩系巴西改组获突破。

博孜 7 井是部署在库车坳陷克拉苏构造带克深区带博孜段南部博孜 7 号构造高点附近的一口预探井，2018 年 11 月 11 日开钻，2020 年 1 月 15 日完钻，完钻井深 7792 米。完井过程中，对白垩系巴什基奇克组进行加砂压裂测试，日产气 4 万立方米、日产油 92 立方米。博孜 7 井在白垩系巴什基奇克组获高产，发现克拉苏盐下首个千万吨级油藏。

博孜 15 井是部署在库车坳陷克拉苏构造带博孜—大北区块博孜 15 号构造高点的一口预探井，完钻井深 4968 米，完钻层位白垩系舒善河组。完井过程中，对白垩系巴什基奇克组进行加砂压裂测试，折日产气 7 万立方米，折日产油 14 立方米，进一步证实博孜 3 气藏周缘整体含气。

博孜 13 井是部署在库车坳陷克拉苏构造带博孜—大北区块博孜 1 号构造

博孜 13 高点的一口预探井，完钻井深 7350 米，完钻层位白垩系舒善河组。完井过程中，对巴西改组进行酸压测试，折日产气 29 万立方米，折日产油 127 立方米。

博孜 18 井是部署在库车坳陷克拉苏构造带博孜—大北区块博孜 18 号构造高点的一口预探井，完钻井深 6985 米，完钻层位白垩系舒善河组。完井过程中，对博孜 18 井白垩系巴西改组加砂压裂测试，日产气 42 万立方米、日产油 32 立方米，进一步证实巴西改组为博孜—大北区块重要的勘探层系。

【"中中合作"】 2019 年 6 月 22 日，中国石油塔里木油田与中国石化西北油田签署战略联盟合作协议（简称"中中合作"），共同开展盆地基础地质研究、技术与认识交流，共享地震数据、钻井数据与综合研究报告。2020 年底，双方实现资料互通、认识互通、技术互通、管理互通，初步形成四大阶段性研究成果，有效指导勘探开发实践。

厘定塔北—塔中走滑断裂体系。双方互换三维地震数据 82 块，实现 5.13 万平方千米三维连片，共同研讨走滑断裂的形成机理、形态展布、控藏作用，识别出 70 条主干走滑断裂，长度大于 100 千米的 Ⅰ 级断裂 25 条、50—100 千米的 Ⅱ 级断裂 45 条。

推动台盆区地震采集技术优化。深入交流台盆区物探技术新进展、项目管理新举措，系统开展农田湿地、浮土小沙、大沙漠区 96 块三维地震采集技术对标研究，取得采集参数的共识，指导塔里木油田大沙漠区部署设计。

开展工程技术联合研讨。针对塔北碳酸盐岩超深层钻探工程风险，2020 年 1 月在库车举行专题研讨，分析认为避开浅层断裂，在目的层实施大斜度井，可以解决工程地质风险，有效实现地质目的，形成"从设计源头提高钻井风险可控、井身结构优化提质增效"的共识与研究方向。

开展寒武系盐下勘探合作。轮探 1 井突破之后对中国石油和中国石化三维连片资料拼接处理，开展轮南周缘超深层震旦系研究，塔里木油田部署上钻轮探 3 井，西北油田部署上钻塔深 5 井。

【扶贫攻坚】 2020 年，塔里木油田贯彻落实中央、新疆维吾尔自治区扶贫工作会议精神，履行社会责任，开展"访惠聚"驻村和精准扶贫，实施产业扶贫、消费扶贫、就业扶贫、项目扶贫，开展技能培训和就业指导，扶持当地特色产业发展，被党中央、国务院授予全国脱贫攻坚先进集体。塔里木油田承担 1 个县（集团公司委托定点扶贫县尼勒克县）、4 个"访惠聚"驻村（阿克苏库车市牙哈镇星光村和阿克布亚村、泽普县古勒巴格乡吐格曼贝希村和尤库日卡拉尤勒滚村）、8 个第一书记深度贫困村（莎车县乌达力克乡英霍伊拉村、巴格买里村、英买里村、阔什阿瓦提村，叶城县柯克亚乡塔尔阿格孜村、果萨斯村、卡拉尤勒滚村、阿其克拜勒都尔村）、巴州地区2个村（且末阿羌乡阿羌村、库尔勒市和什力克乡上和什力克村）共计15个定点扶贫点的扶贫工作，全年购买定点扶贫村农副产品2000余万元，带动村民人均年收入增长到9000—12000元，定点帮扶的12个深度贫困村全部实现"脱贫摘帽"。

支援地方建设，塔里木油田领导与南疆五地州领导交流互访12次，推动基础设施建设、项目合资合作。与地方共建道路，协助地方拆迁、征地落实建设道路129.3千米。做好天然气保供，向南疆供气42.2亿立方米。推进"气化南疆"工程，拓展周边天然气市场，同温宿县达成10亿立方米供气计划，改造升级拜城县的门户站管线、计量等装备，年供天然气规模扩增至7亿立方米。

投入定点扶贫和捐赠资金5641.2万元（包含化肥4682吨价值934万元）。向阿克苏地区社会公共设施建设、公益救济和公共福利、教育事业等捐赠资金1800万元；向巴州地区教育和社会公共设施捐赠资金1757.2万元；向喀什地区油田定点扶贫村投入产业项目资金400万元、向教育和公益事业捐赠350万元，共捐赠750万元；向和田地区教育事业捐赠100万元；向克州地区教育事业捐赠100万元；向尼勒克县投入产业项目资金200万元。

选派政治觉悟高、工作作风实、综合能力强、身体素质好的中青年干部到地方挂职、参加驻村帮扶，选派10名干部到各涉油地州、县市挂职；向4个"访惠聚"、8个第一书记深度贫困村、尼勒克县选派30名干部，其中驻村处级干部12人、科级干部13人专职负责定点扶贫工作。建立健全驻村扶贫干部职责分工、考核办法等扶贫工作制度，以第一书记和驻村工作队队长为主要责任人，建立贫困户、边缘户、团结关爱户产业发展、扩大就业、项目实施等综合社会保障工作台账，每周走访、定期研判、每月评估，实现应退尽退、应纳尽纳、应扶尽扶。

2020年，实施扶贫项目19个，拨付扶贫项目资金600万元。项目分别在莎车县乌达力克乡英霍伊拉村、乌达力克乡巴格买里村、乌达力克乡阔什阿瓦提村、乌达力克乡英买里村，叶城县柯克亚乡果萨斯村，泽普县古勒巴格乡吐格曼贝希村、古勒巴格乡尤库日喀拉尤勒滚村和尼勒克县实施，主要包括温室大棚、庭院种植、林果种植、家庭养殖、干豇豆加工、打馕合作社、卫星工厂、十小商铺、种植养殖合作社、村级阵地建设、农户水路电路改造、配套水井、水渠闸口修复等。截至2020年底，12个村有蔬果种植1200余亩、林果木6500余亩、牲畜存栏3.2万余头（只）。

优化农副产品采购模式，对农副产品按市场价格进行包销，农副产品采购标准化、制度化、公益化。完成集团公司下达的 500 万元定点扶贫农产品消费及帮助消费 100 万元任务的采购工作。协调尼勒克县、塔里木油田宝石花物业公司及油田公司各单位采购扶贫农产品 2229.32 万元；采购尼勒克县黑蜂蜂蜜、旱田面粉、蜂蜜、胡麻油、菜籽油、马肉等 328.5 万元，购买 12 个定点扶贫村和拜城县蔬菜、牛羊肉等产品 1900.82 万元。

按照各村精准扶贫规划，全面摸底村民在第一、第二、第三产业上实现就业的技能需求，编制技能培训需求清单和实施计划，利用地方县（乡）级技术培训平台、外请社会培训力量和油田内部培训资源，投入 10 余万元开展技能培训工作。组织村民学习养殖、种植、烹饪等职业技能，开展"智慧教育"改造村民思想认识，千方百计鼓励学龄青少年参加基础教育、职业教育、高等教育。足额接收富余劳动力就业，安置富余劳动力 60 人，年人均收入 2.5 万—4 万元。

（滑晓燕）

中国石油天然气股份有限公司
新疆油田分公司
（新疆石油管理局有限公司）

【概况】 中国石油天然气股份有限公司新疆油田分公司（新疆石油管理局有限公司）简称新疆油田，前身是 1950 年成立的中苏石油股份公司，总部位于新疆维吾尔自治区克拉玛依市，主营业务共 4 类，为油气勘探、油气开发与生产、油气储运与销售、科学技术研究，作业区域遍及准噶尔盆地及其外围盆地，涉及 9 个地州（市、兵团）、28 个县市（团场）。

截至 2020 年底，新疆油田开发油气田 33 个（其中油田 29 个、气田 4 个），累计探明石油地质储量 31.98 亿吨，技术可采储量 6.85 亿吨；累计探明天然气地质储量 1737.28 亿立方米，技术可采储量 957.73 亿立方米。有探矿权面积 5.71 万平方千米、采矿权面积 7039 平方千米。有油井 35692 万口、气井 275口、注水井 6438 口，原油生产能力 1263.6 万吨 / 年、天然气生产能力 18.8 亿

米 ^{3}/年（气井）。累计生产原油 4 亿吨、天然气 761.4 亿立方米。设机关职能处室 18 个，直（附）属单位 9 个，基层单位 38 个，员工总数 34300 人。

2020 年，新疆油田实施增储上产"五大工程"（老油田千万吨稳产、玛湖 500 万吨上产、页岩油 200 万吨上产、南缘 100 万吨建产、天然气加快发展）和提质增效专项行动，生产原油 1320.02 万吨，同比增加 73 万吨，超产量和净增量居集团公司首位；生产天然气 30.04 亿立方米，同比增加 0.73 亿立方米。新增探明石油地质储量 19210 万吨，新增控制石油地质储量 22235 万吨，新增预测石油地质储量 38360 万吨。收入 394.31 亿元，其中上市业务 275.63 亿元，未上市业务 111.74 亿元，对外合作业务 6.94 亿元。缴纳税费 39.43 亿元（表 2–5）。

表 2–5　新疆油田主要生产经营指标

指　标	2020 年	2019 年	2018 年	2017 年	2016 年
原油产量（万吨）	1320.02	1247.02	1147.01	1131.02	1113.02
天然气产量（亿立方米）	30.04	29.31	29.16	28.42	28.55
新增原油产能（万吨）	302.60	346.03	251.00	202.77	178.01
新增天然气产能（亿立方米）	1.07	0.99	1.67	1.44	1.53
新增探明石油地质储量（万吨）	19210	14441	13030	10017	8089
新增探明天然气地质储量（亿立方米）	—	67.52		344.18	—
二维地震（千米）	900	1494	1238	2550	2282
三维地震（平方千米）	2036	2314	1238	1568	1980
探井（口）	151	157	123	132	134
开发井（口）	1079	1421	1709	1539	793
钻井进尺（万米）	219.94	357.78	233.43	214.19	155.36
勘探投资（亿元）	46.97	51.23	38.18	38.88	36.95
开发投资（亿元）	133.17	200.58	154.04	108.78	65.54
资产总额（亿元）	1425.61	1660.50	1321.19	1198.95	1161.22
收入（亿元）	394.31	520.79	510.55	395.85	305.58
利润（亿元）	−49.95	39.50	61.83	−15.73	−124.47
税费（亿元）	39.43	65.56	77.25	55.39	30.89

【"十三五"回顾】 "十三五"期间，新疆油田坚持稳中求进工作总基调，聚焦现代化大油气田建设目标，突出增储上产，深化改革创新，纵深推进提质增效，实现质量效益可持续发展。全力推动增储上产，落实玛湖、吉木萨尔页岩油两个 10 亿吨级大油区，发现红车拐、滴南凸起、盆地上二叠统 3 个亿吨级规模油气储量区，南缘下组合、准东地区勘探实现历史性突破，新增探明石油地质储量 6.47 亿吨、较"十二五"增加 1.44 亿吨，获集团公司重大油气发现特等奖 3 项、一等奖 7 项。加快盆地重点探区勘探开发建设进程，新建原油产能 1214 万吨、较"十二五"增加 205.9 万吨。抓好老油田长效稳产，全油田绝对油量递减率控降至 7.7%，老油田标定采收率提高至 27.8%，生产原油 5958.09 万吨、天然气 145.48 亿立方米，原油产量较"十二五"增加 254 万吨。实施"大科技"工程，建成省部级重点实验室 2 个，实施集团公司及以上重大科技专项 71 项，形成四陷区砾岩油藏勘探、浅层稠油有效开发、"水平井 + 体积压裂"等 8 项主体技术，获省部级及以上科技成果 131、专利提 776 件，"凹陷区砾岩油藏物探理论技术与玛湖特大型油田发现"获国家科学技术进步奖一等奖。推进智能油田建设，数字油田入选国家智能制造试点示范项目，数据中心（克拉玛依）成为集团公司"三地四中心"之一。坚持低成本发展，全员全要素全过程全方位开源节流降本增效，累计控减投资 96.58 亿元、挖潜增效 95.24 亿元；完成投资 925 亿元，收入 2127.08 亿元、考核利润 –88.82 亿元、较集团公司下达指标减亏 70 亿元；桶油完全成本控制在 44.15 美元 / 桶，较"十二五"末减少 6.53 美元。坚持"油公司"发展方向，分离移交"四供一业"、报社等企业办社会职能，稳妥退出运输、居民通信等辅助业务，专业化整合应急抢险救援、油田技术服务、档案管理、后勤服务等业务，推动建成中国石油新疆北疆区域仓储物流共享中心和中国石油招标中心新疆分中心，压减二级、三级机构 586 个，控减员工 10123 人，"油公司"建设成为集团公司上游业务改革样板。坚持绿色发展理念，全面完成中央环保督察发现问题整改，11 家油气生产单位纳入国家绿色矿山名录。节能 23.8 万吨标准煤、节水 341 万立方米，油气生产综合能耗下降 24 个百分点。深化企地融合发展，投入资金 2.21 亿元援建涉油地区民生项目 60 个，定点扶贫托里县、南疆"访惠聚"所驻村如期脱贫摘帽；支持地方经济建设，缴纳税费 268.3 亿元，合作开发生产原油 447 万吨。

【疫情防控】 2020 年，新疆油田贯彻落实党中央、集团公司党组和地方党委政府疫情防控工作部署，坚持外防输入、内防反弹，成立新冠肺炎疫情防控应急总指挥部，构建"公司、厂处、作业区、基层班站"四级防控责任体系，完善疫情防控工作规则，有序实施两轮封闭管理，构建与涉油地市、下游企业防疫工作协调机制，统筹做好人员管控、网格化管理、场所防疫、健康监测、核酸检测等工作，成功应对新疆地区多轮疫情，实现"两个零""两个不"防控目标。

【油气勘探】 2020 年，新疆油田加快重点领域突破进程，发现阜康凹陷二叠系、沙湾凹陷二叠系、玛南风城组、玛湖页岩油 4 个亿吨级石油规模勘探大场面和南缘中段下组合大构造、盆 1 井西凹陷、沙湾凹陷风城组 3 个天然气规模勘探新领域。其中准东地区勘探获历史性突破，阜康凹陷康探 1 井在二叠系芦草沟组日产原油 24.09 立方米、天然气 1.44 万立方米，在二叠系上乌尔禾组两层分获 157.6 立方米、133.4 立方米高产工业油流；南缘中段呼探 1 井在白垩系清水河组获日产天然气 61 万立方米、原油 106.32 立方米高产工业油气流，展现出盆地勘探"油气并举、东西并进"新格局；盆 1 井西凹陷石西 16 井在石炭系两层分获原油 73.56 立方米、天然气 10.27 万立方米和原油 156.96 立方米、天然气 21.61 万立方米高产工业油气流，前哨 4 井在三工河组日产天然气 30.36 万立方米、原油 76.3 立方米，开辟天然气勘探新领域。新获工业油气流 132 井 167 层（百吨井 10 口），完成三级石油储量 8 亿吨，其中新增探明储量 2 亿吨，创历年之最。获集团公司油气重大发现特等奖及一、二、三等奖各 1 项，获奖成果等级和数量居集团公司 16 家油气田首位。

【油气田开发】 2020 年，新疆油田深化产能建设提速提质提效，推广玛 131 示范区钻井提速模板，升级"水平井＋体积压裂"技术体系，玛湖、吉木萨尔页岩油钻井综合提速 14.5%，压裂平均协同效率提高 20%。推广"大井丛、平台式、工厂化"和"批钻批压、批焖批开"建产模式，新建原油产能 302.6 万吨，新井产油 48.4 万吨。坚持精细开发、量效并重，开展百日原油上产会战，8 月下旬日产水平达 38866 吨、创历史新高。全过程优化注水注汽，含水上升率控制在 0.9%，稠油油汽比稳定在 0.11；强化压裂、上返补层、长停井复产等进攻性措施，增产原油 55 万吨；攻关推广砾岩油藏化学驱、超稠油 SAGD、火驱工业化应用等重大开发试验，生产原油 169 万吨。全油田绝对油量递减率控制在 7.7%、同比减缓 0.2 个百分点。呼图壁储气库库存量突破百亿立方米，调整工程（一期）12 口井全部投产，最大调峰能力 2800 万立方米。建成投产玛河气田、81 号天然气深冷提效工程和页岩油联合站等 7 座场站。

【经营管理】 2020 年，新疆油田聚焦"四精"要求，坚持"五保一压"（保员工利益、保安全生产、保油气勘探、保生产必须、保和谐稳定，压缩一切非生产性支出），制定实施 6 大类 31 项提质增效措施，开展"战严冬、转观念、勇担当、上台阶"主题教育活动和成本管控培训，纵深推进提质增效专项行动，控减投资 51.7 亿元、降本增效 37.7 亿元，整体控亏 57.9 亿元。精细成本解剖，加强资产轻量化、运行成本管控，单位操作成本、桶油完全成本为 14.13 美元 / 桶、44.15 美元 / 桶，分别同比下降 1.77 美元 / 桶、3.09 美元 / 桶。用好财税优惠政策，节税 6.89 亿元。发挥一体化优势，节约财务费用 2.92 亿元，未上市业务实现账面盈利。深化"两金"管控专项行动，应收账款和存货分别完成年度指标的 117%、120%。推行集中招标、框架招标，完成招标金额 116.4 亿元，节约 7 亿元。巩固拓展外部市场，创收 5.3 亿元。强化重大事项法律论证和纠纷案件管理，梳理优化业务流程 186 项，制修订规章制度 83 项。实施经济责任、竣工决算、管理效益审计 37 项，实现直接经济成果 4175 万元。

【改革创新】 2020 年，新疆油田瞄准建设世界一流企业目标，完善现代化"油公司"顶层设计，编制完善对标世界一流管理提升、改革三年行动工作方案，推进三项制度改革，开展新型油田作业区试点，优化精简二级、三级机构 212 个，控减员工 1361 人；完成退休人员社会化管理、客运业务分离移交，上线运行财务、人事共享业务，退出常规小修业务，有序推进发电业务退出。组建西部原油销售中心，加强区域原油统购统销，平稳接管王家沟油库。推进"大科技"工程，投入科研经费 16.12 亿元，实施科技攻关 200 余项。健全完善科技大联合体系，与华为、中国石油大学（北京）签订战略合作协议，建成新疆油田公司院士专家工作站、新疆页岩油勘探开发重点实验室。新疆吐哈与页岩油股份公司重大科技专项及成熟探区基础研究项目中期评估优良率 100%。加强技术集成与推广应用，中高渗砾岩油藏化学驱实现规模化应用，提高采收率 20 个百分点；推广全程滑溜水连续携砂等措施，节约投资 8.87 亿元。推进智能油田建设，上线运行重点探区勘探开发生产指挥等 7 套系统，完成百口泉采油厂等 3 家单位物联网改造，油气生产物联网覆盖率提升至 60%。获省部级及以上科技成果 17 项、授权专利 179 件、国家专利金奖 1 件。

【安全环保】 2020 年，新疆油田健全完善 HSE 管理体系，制修订安全环保制度 15 项，细化岗位 HSE 责任清单，层层压实责任。突出 HSE 体系"三化"审核，整改问题 2249 项，集团公司 QHSE 体系审核晋档 B1 级。开展关键岗位 HSE 履职能力评估，540 个班组通过自主化建设验收。推进安全生产专项整治三年行动，突出高风险井井控管理，有效防范风险。严格承包商准入审查和动态考核，强化培训取证和分级监管，承包商管理水平得到提升。健全生态环境保护议事制度，推进绿色矿山建设，13 家油气生产单位全部达到国家绿色矿山创建标准，通过新疆维吾尔自治区专家验收；抓实中央环保督察发现问题整改，提前两个月完成历史遗留含油污泥处置任务。强化能耗源头管控和过程监督，单位油气生产综合能耗同比下降 3.5 个百分点。

【和谐发展】 2020 年，新疆油田常态化抓好维护稳定工作，一级、二级重点目标"三防"建设达标率 100%。开展"民族团结一家亲"活动，结对认亲 5164 对、入户走访 12 万余人次，获评全国民族团结进步示范企业。投入帮扶资金 612 万元，帮助困难员工 768 人次。建立员工健康档案，加强前线远程医疗和健康巡诊，完成职业病危害因素检测 3100 处，职业健康体检 6800 人；实施前线基地集中管理，推进餐饮质量提升，后勤服务保障能力显著增强。支持地方经济建设，缴纳税费 39.43 亿元，合作开发生产原油 120 万吨，减免中小微企业和个体工商户房屋租金 3616.56 万元。投入资金 2000 万元支持涉油地区民生项目建设；巩固提升新疆维吾尔自治区塔城地区托里县定点扶贫成效，超额完成消费扶贫任务，建成红花油标准化车间和活畜检疫交易市场；做好南疆"访惠聚"工作，巩固所驻村脱贫成效，新疆油田获评新疆维吾尔自治区"访惠聚"驻村工作优秀组织单位。与新疆维吾尔自治区乌鲁木齐、塔城等 5 个地州市建立联席工作机制，形成企地互利共赢、加快发展共识合力。

【超稠油 SAGD 重大开发试验连续四年实现百万吨稳产】 2020 年，新疆油田立足稠油产业链价值最大化、集团公司整体利益最大化，推进超稠油 SAGD 重大开发试验，坚持"一井一策"精细调控与措施综合治理相结合，优化开发技术政策，开展动态调控 2000 井次以上，实施复合吞吐、氮气辅助等 3 项措施 218 井次，增产原油 14.5 万吨，阶段油汽比提高 0.02，累计生产原油 411.6 万吨，连续四年实现百万吨稳产。

【呼图壁储气库完成去冬今春保供任务】 2020 年，新疆油田贯彻落实集团公司工作要求，安全高效完成呼图壁储气库保供任务。该气库于 2019 年 11 月 5 日启动第七采气周期，累计投运气井 31 口，最大应急调峰能力达 2300 万米^3/日，累计采气 14.9 亿立方米，库存气量 84.9 亿立方米，为新疆地区平稳迎峰度冬提供有力支撑。

【新疆油田 2020 年勘探"春雷行动"成果丰硕】 2020 年，新疆油田贯彻落实集团公司党组加快新疆地区油气业务发展工作要求和提质增效专项行动决策部署，突出"高效勘探""油气并举"，推进勘探"春雷行动"研究部署和组织实施，在玛湖页岩油、腹部下斜坡、沙湾凹陷风城组等领域获 11 项重要发现和成果，其中天然气勘探成果 3 项，为近年来同期最佳水平；累计落实探井 191 口，钻井进尺 71.63 万米；完钻 26 口，完成钻井进尺 18.63 万米，新获工业油流 42 井 47 层，同比增加 12 井 14 层，其中百吨井 2 口。

【呼图壁储气库库存量突破 100 亿立方米】　2020 年，新疆油田科学应对高库存、高压力"双高"严峻形势，坚持"一井一策"差异化精细动态调控，加大增产增注措施应用力度，高效推进新井投产，截至 7 月 29 日，呼图壁储气库投运注气井 30 口，日均注气量 1295 万立方米，超计划水平 187 万立方米，累计注气 15.2 亿立方米，继 2018 年后当期库存量再次突破 100 亿立方米，达 100.1 亿立方米。

【新疆油田吉木萨尔页岩油原油日产破千吨】　2020 年，新疆油田发挥盆地重点探区勘探开发建设现场指挥部组织机制优势，统筹内外部人员力量，加快推进新疆吉木萨尔国家级陆相页岩油示范区建设，全区完钻井 93 口，新建产能 71.9 万吨，投产井 84 口，开井 75 口，日产原油破千吨、达 1005 吨。

【准噶尔盆地阜康凹陷油气勘探获重大突破】　2020 年，新疆油田部署在准噶尔盆地阜康凹陷的风险探井康探 1 井在二叠系上乌尔禾组压裂后试获高产工业油气流，4 毫米油嘴自喷日产油 157.6 立方米，日产天然气 1.12 万立方米，累计生产原油 587.27 立方米，套压 28.01 兆帕。康探 1 井是凹陷区首口突破井，油层厚度大，产量高。该区纵向多层系含油、横向叠置连片，展现规模高效勘探良好前景，打开阜康凹陷下凹规模勘探序幕，实现盆地上二叠统 5.52 万平方千米统一坳陷湖盆区大型地层—岩性油气藏领域整体突破，有望形成盆地规模增储东西并进新格局。

【全国最大超稠油油田全面迈入数字化时代】　2020 年，新疆油田风城油田作业区物联网系统二期工程的全面上线运行标志着全国最大整装超稠油油田全面迈入数字化时代。该系统实现稠油生产关键环节节点集中监控、实时报警，推动建成"无人值守、集中监控、按需巡检、精准处置"稠油生产管理新模式，提升油田上下游一体化管控能力和风险预防能力，可减少基层班组巡检工作量 50% 以上，压减操作员工用工总量 300—400 人，年均节约油田生产运行费用近 5000 万元、蒸汽用量近 20 万吨，产生经济效益 1600 万元。

（许　超）

中国石油天然气股份有限公司
西南油气田分公司
（四川石油管理局有限公司）

【概况】 中国石油天然气股份有限公司西南油气田分公司（四川石油管理局有限公司）简称西南油气田，为中国石油所属地区公司，1999 年由原四川石油管理局改制重组后成立。西南油气田位于四川盆地，横跨四川省、重庆市，主要负责四川盆地的油气勘探开发、天然气输配及终端销售业务，以及中国石油阿姆河项目天然气采输和净化生产作业，具有天然气上中下游一体化完整业务链的鲜明特色，为西南地区最大的天然气生产供应企业，是中国重要的天然气工业基地。2020 年底，西南油气田设置机关职能处室 17 个、机关附属机构 2 个、直属机构 11 个、二级单位 44 个；有在册员工 30023 人，其中合同化员工 25637 人、市场化用工 4386 人；资产总额 1035.84 亿元，上市业务收入 522.29 亿元，上缴税费 39.47 亿元。在四川盆地及周缘有 13.7 万平方米的勘探开采矿权，累计探明天然气地质储量 34593 亿立方米。有川中、重庆、蜀南、川西北、川东北 5 个油气主力产区，投入开发的气田 112 个，有生产井 2929 口，全年开井 2026 口，天然气年产能超过 380 亿立方米，石油年产能 5 万吨。历年累计生产天然气超过 5100 亿立方米、石油 549 万吨。有集输和燃气管道 4.8 万千米，年综合输配能力达 350 亿立方米以上。建有西南首座应急日采气能力 2850 万立方米的储气库，区域管网通过中（卫）贵（阳）线和忠（县）武（汉）线与中亚、中缅、西气东输等骨干管道连接，是中国能源战略通道的西南枢纽。天然气用户遍及川渝地区，拥有千余家大中型工业用户、1 万余家公用事业用户以及 2500 余万家居民用户，在川渝地区市场占有率 77%。2020 年，天然气净产量 318.19 亿立方米，创历史新高；天然气销售量 342.63 亿立方米（含购气销售）；生产石油液体 5.16 万吨（表 2-6）。

【"十三五"回顾】 "十三五"期间，西南油气田面对国内经济下行压力加大、油气能源结构转型加速、天然气市场竞争加剧等复杂形势，坚持走低成本高质量发展之路，推进增储上产，实施改革创新，抓风险管控，实现产量、销量、

表 2-6 西南油气田主要生产经营指标

指 标	2020 年	2019 年	2018 年	2017 年	2016 年
原油产量（万吨）	5.16	5.72	5.95	7.38	10.04
天然气产量（亿立方米）	318.19	268.65	226.33	210.25	191.68
新增天然气产能（亿立方米）	120.22	63.18	25.55	18.63	31.22
新增探明天然气地质储量（亿立方米）	2093.40	7003.00	1296.30	2248.4	1527.84
二维地震（千米）	1911.00	4774.00	3103.84	7163.33	3301.86
三维地震（平方千米）	4988.00	3365.00	3212	831.33	747.98
探井（口）	45	47	25	15	18
开发井（口）	109	269	38	33	40
钻井进尺（万米）	112.04	183.18	93.90	39.24	27.68
勘探投资（亿元）	60.29	58.34	38.77	30.16	26.85
开发投资（亿元）	152.17	206.54	123.43	59.84	48.78
资产总额（亿元）	1035.84	985.47	866.82	941.35	948.52
营业收入（亿元）	522.29	480.00	410.90	450.01	381.35
利润总额（亿元）	108.79	47.51	72.70	27.19	15.41
税费（亿元）	39.47	35.11	39.15	41.91	35.19

利润"三个翻番"，储量、产能、投资"三个跨越"，党建工作、改革发展、民生保障"三个提升"。高效探明安岳、川南页岩气 2 个万亿立方米特大型气区，高水平建成安岳、川南页岩气、老区 3 个 100 亿立方米大气田，天然气储量保持高峰增长，产量连续 5 年创历史新高。发挥上中下游一体化优势，天然气集输储配系统更加完善，终端销售日益壮大，川渝地区天然气市场占有率始终保持在 75% 以上，西南能源战略通道枢纽作用更加凸显，稳固区域市场供应的基本盘。"油公司"改革初见成效，科技创新能力持续提升，以两个"三化"为代表的数字化气田全面建成，依法治企、合规管理能力水平不断提高，西南油气田管理体系和管理能力日趋现代化，走出改革创新发展的新路径。"三严三实""两学一做""不忘初心、牢记使命"等教育实践成效显著，党建工作三年行动计划深入推进，"大党建"格局初步构建，从严治党向纵深发展，党的领导与经营管理有效融合，党组织"把方向、管大局、保落实"作用充分发挥，扛

起党建引领高质量发展的先锋旗。"惠民二十条"落地见效，员工群众获得感、幸福感、安全感显著提升，定点扶贫的甘孜州九龙县成功脱贫摘帽，凝练出"和合共生、气美家国"合气文化，在行业内首获"全国企业文化建设最佳实践企业"称号。2020 年，面对新冠肺炎疫情和低油价双重冲击，西南油气田公司党委贯彻习近平总书记重要指示批示精神和党中央防控命令，落实集团公司党组"在疫情与油价双重大考中当好顶梁柱"总体要求，勇于担当责任，带领广大干部员工攻坚克难、逆势求进，全面完成各项目标任务，"十三五"工作圆满收官。2020 年，生产天然气 318.19 亿立方米、销售天然气 343.1 亿立方米、利润总额 109.2 亿元。"十三五"期间，累计探明天然气地质储量 14168.94 亿立方米、新建产能 329.9 亿立方米、投资金额 885.5 亿元。

【油气勘探】 2020 年，西南油气田持续加大风险勘探和甩开预探力度，寻找优质规模储量，实现优质规模储量有序接替，获得一系列战略新发现、新成果。川中古隆起太和含气区取得重大突破，蓬探 1 井灯二段测获日产量 122 万立方米，角探 1 井沧浪铺组测获日产量 52 万立方米，并提交预测储量，展示古隆起太和含气区万亿储量规模前景，获集团公司油气勘探重大突破特等奖。安岳气田精细评价取得重要成果，高石 18 井区台内灯四气藏、高石 1 井区灯二气藏完成 12 口工艺井，全部测获高产工业气流，井均测试日产量 60 万立方米，实现规模储量持续升级，新增探明天然气地质储量 2017 亿立方米，获集团公司油气勘探重要成果二等奖。川西南部二叠系勘探取得重要发现，平探 1 井栖霞组测获日产量 67 万立方米，开启盆地栖霞组台缘带勘探新局面，获集团公司油气勘探重要发现一等奖。致密气勘探取得新进展，连续 6 口井测获高产工业气流，最高日无阻流量 254 万立方米，创盆地沙溪庙组测试新纪录，展示出巨大的勘探开发潜力。

【天然气开发】 2020 年，西南油气田优化生产组织，抓产能建设，气田开发实力持续增强，上产增产保持强劲势头，天然气产量再创历史新高。全面建成国内首个百亿立方米页岩气田，推广地质工程一体化，优选"铂金靶体"，中深层页岩气井均测试日产量 25.9 万立方米、EUR（最终可采储量）1.24 亿立方米，分别同比提高 9.5% 和 12.7%；深层页岩气钻获一批 EUR 大于 1.5 亿立方米的高产井，有望五年内再建一个百亿立方米气田。加快推进安岳气田 150 亿立方米年产能建设，高石梯—磨溪灯影组优化精准分段酸压技术，台缘带井均测试日产量 85 万立方米，高效建成 60 亿立方米年产能并具备长期稳产基础。开展磨溪龙王庙组气藏主体区整体治水、外围区滚动建产，实现连续五年稳产 90 亿立方米。巩固老区百亿立方米稳产基础，老气田综合递减率控制在 8% 以内，实现稳产 40 亿立方米；川东北罗家寨气田年产量创历史新高，实现扭亏为盈；川西深层双鱼石、九龙山、剑阁试采工程评价效果显著，建成 11 亿立方米年产能；致密气秋林区块连续获得日产量 30 万立方米以上的水平井，基本锁定"十四五"核心建产区。

【天然气销售】 2020 年，西南油气田通过拓展市场、增加销量，实施差异化营销，提升能源供应保障能力。全年在川渝地区销售天然气 266.5 亿立方米，同比增销 12 亿立方米，销售均价 1.622 元 / 米^3，增效 25 亿元。坚持产销联动、运销协同，完善供需联动长效运行机制，增强天然气保供能力，特别是在新冠肺炎疫情最严重的时候，累计向武汉和北方地区供气 16 亿立方米，最大日供气量 3733 万立方米。持续拓展市场，建立地企合作市场开发新机制，推动大客户万华化学集团股份有限公司西南基地项目落户眉山；拓展云南楚雄和贵州开阳等区外市场，全年新开发项目 98 个，新增市场规模 31 亿立方米。精准施策扩销增效，加强需求侧管理，通过"价价联动"等方式促进客户复工复产、高负荷长周期用气，增销超 20 亿立方米；推进线上交易，实现标签化销售 30 亿立方米，增效 12 亿元；深化客户经理负责制，客户满意度保持在 98% 以上。全面落实"三走向、三移交、一开口"（走向工业园、走向合作和并购、走向乡镇，向终端公司移交部分有利于终端发展的站场和支线管道，有序将终端自有站场和管道上供气且条件成熟的客户向终端移交，继续支持终端开口）策略，推动雅安等地全域市场整合，终端销售天然气 77.2 亿立方米，同比增销 4.2 亿立方米。

【安全环保管理】 2020 年，西南油气田突出重点领域风险防控，不断提升安全环保管控力，实现疫情防控和安全生产两不误。面对疫情，突出抓早、抓实、抓准，分级分类实施网格化管理，西南油气田员工、离退休人员和家属 20 余万人无一例确诊病例，实现"零疫情"防控局面，疫情防控取得阶段性胜利。QHSE 管理体系实效运行，试点"油气行业"安全生产清单制管理，健全安全环保考评机制。推进基层站队 QHSE 标准化建设，全覆盖开展 QHSE 管理体系审核，在集团公司两次审核中均获上游企业第一名。推进含硫天然气、页岩气生产等 5 个重点领域安全环保风险专项整治，严格落实承包商管理"五项刚性措施"，引入外委监督队伍，建立远程视频监控系统，实现主要生产现场监督全覆盖，安全环保管控能力提升明显。有序推进生态文明建设，落实生态环保重大事项议事制度，稳步推进绿色矿山建设，12 个采矿权进入国家绿色矿山名录，新开钻井全部实现钻井液不落地，含油岩屑合规处置率 100%，清洁生产能力持续增强。

【疫情防控】 新冠肺炎疫情发生后，习近平总书记于 2020 年 1 月 20 日做出"坚决遏制疫情蔓延势头"重要指示，西南油气田立即启动突发事件预警程序，研究防控策略，组织紧急采购防疫物资，调配 1 万只口罩送达四川宝石花医院；1 月 23 日，四川宝石花医院按地方人民政府要求，腾出 10 间病房用于新冠肺炎患者备用收治。1 月 26 日，西南油气田成立新冠肺炎疫情防控领导小组，启动突发事件应急响应程序，建立日报告、周分析工作机制，进入抗疫战时状态。1 月 28 日，四川宝石花医院防控新冠肺炎党员先锋队成立，450 名党员群众郑重承诺。1 月 24—30 日，西南油气田要求所属供气单位、终端燃气公司决不能因气款不足而出现短供停供事件，重点保障医院或医疗器械企业用气，稳定忠武线外输，保障武汉市天然气供应，通过忠武线向武汉地区日供气量最高达 660 余万立方米。2 月 2 日，印发《新型冠状病毒感染肺炎疫情防控工作方案》，明确网格化防控要求，落实"四大领域、六大人群"疫情防控措施，开通员工心理援助专线。2 月 8 日，西南油气田抽调 20 名医务人员，组建 2 支医疗队支援地方人民政府抗击疫情。2 月 10 日，西南油气田油气生产建设工作全面恢复正常状态，实现"一手抓防控、一手抓保供，确保天然气安全平稳输送"。4 月 30 日，滞留湖北的 124 名员工健康安全返岗，实现员工"零感染"、疫情"零回流"，疫情防控工作转入"外防输入、内防强单"常态化防控新阶段。9 月 9 日，党委书记、总经理张道伟在集团公司疫情表彰大会做交流发言。9 月 27 日和 30 日，西南油气田领导分别视频慰问第一批包机回国海外项目员工，与第一批返回阿姆河项目员工开展座谈交流，落实派驻海外员工疫苗接种等防疫措施。11 月 16 日，中共四川省委、四川省人民政府在成都锦江大礼堂召开四川省抗击新冠肺炎疫情和防汛救灾表彰大会，西南油气田输气管理处被授予四川省抗击新冠肺炎疫情先进集体。截至 2020 年底，西南油气田实现员工家属"零感染"目标。

【"油公司"模式改革】 2020 年，西南油气田以推动组织模式、运行机制现代化为重点，全面深化改革，构建管理提升长效机制，发展质量效益持续向好。纵深推进"油公司"模式改革，成立川中北部新型气田作业区，在川东北气矿、川中油气矿磨溪开发项目部分别开展次新区、老区转型试点，初步搭建起适应"油公司"模式的管理架构；有序整合井工程业务，推行"公司—事业部"两级产能建设模式，实现井工程业务专业化运行。剥离企业办社会职能，完成"三供一业"分离移交和退休人员社会化管理工作。

【经营管理】 2020 年，西南油气田开展提质增效专项行动，增收 29 亿元、降本 14 亿元、控投 22 亿元，实现整体效果 65 亿元。完善薪酬分配体系，推行差异化工资总额决定机制，加大精准激励力度和全过程跟踪分析，试行工编挂钩机制，切实发挥薪酬激励约束作用。西南油气田设置总经理特别贡献奖 7 项，对在油气勘探、油气开发、质量安全环保和页岩气开发等工作，以及在新冠肺炎疫情防控、天然气扩销增量、剥离企业办社会职能改革和创新大赛等工作中做出重大贡献的人员进行奖励。强化合规经营管理，建立公司两级重大风险评估机制，抓好"七五"普法收官，深入推进合规示范创建，西南油气田内控体系运行质量和成效获集团公司"杰出级"评价。

【科技发展】 2020 年，西南油气田坚持科技创新引领，着力关键技术攻关，加速科技成果转化，科技支撑生产发展的成效明显。健全科技体制机制，联合共建盆地特色中心，三大技术中心，院士、博士工作站，完善开放共享的科研平台；深化双序列改革，在 15 家单位新增专业技术岗位序列，企业专业技术人才队伍不断壮大。科技攻关转化成果丰硕，攻关形成 3 项勘探开发基础理论和 17 项核心技术，集成示范 12 项重大开发技术，助推新区重大勘探发现和规模效益开发。注重专利挖掘和质量把控，获授权专利 114 件，获四川省科学技术进步奖一等奖 2 项、集团公司科学技术进步奖特等奖 1 项。高效推进数字化转型发展，构建起"全面感知"的物联网系统，场站数字化覆盖率 92%，上线应用勘探、开发、管道等核心业务平台，全面建成以两个"三化"为代表的数字化气田。推进龙王庙组和页岩气智能气田示范工程建设，打造前端综合应用、后端一体协同的智能化管理体系。

【企业党建工作】 2020 年，西南油气田围绕中心工作，加强党的建设，将政治优势转化为发展优势，为企业发展提供政治保障。不断巩固政治思想优势，推动落实习近平总书记重要指示批示精神制度化、常态化；开展"战严冬、转观念、勇担当、上台阶"主题教育活动，引导干部员工坚定在双重大考中当好顶梁柱的思想和行动自觉。加强党的组织建设，健全党建工作"述评考用"一体化机制，集中整顿软弱涣散的基层党组织，西南油气田建水平持续保持在集团公司党建先进行列。健全完善全周期干部成长递进培训工程，全覆盖开展选人用人专项检查。加大年轻干部培养力度，所属三级单位 40 岁以下领导人员占比达三分之一。发挥纪委监督责任，有效运用联合监督信息系统，压实业务部门监管责任，形成齐抓共管的"大监督"格局。开展两轮公司级党委巡察，督促8 家所属单位党组织开展本级巡察，形成协同推进整改合力，全面从严治党向纵深推进。

（闵　军　孔令兴）

中国石油天然气股份有限公司
吉林油田分公司
（吉林石油集团有限责任公司）

【概况】 中国石油天然气股份有限公司吉林油田分公司（吉林石油集团有限责任公司）简称吉林油田，总部位于吉林省松原市。勘探开发和生产区分布在吉林省 37 个市、县（区）。吉林油田于 1959 年 9 月 29 日发现，1961 年 1 月 17 日建矿并正式投入开发建设。2020 年底，有机关职能处室 14 个、机关附属机构 3 个、直属机构 6 个，所属二级单位 48 个。用工总量 34469 人，其中合同化员工 28490 人。2020 年，吉林油田全面落实提质增效专项行动 46 个方面 171 项措施，全年油气当量产量 486.10 万吨，同比增加 5.70 万吨，连续三年增产超产（表 2-7）。

【"十三五"回顾】 "十三五"期间，吉林油田编制实施中长远发展纲要，确立"建设创新型可持续发展的吉林油田"战略目标，明确并落实"3456"发展思路，结合加快发展、减亏行动、成本压降等要求，统筹优化战略布局、战术原则和战役打法，引领和推动发展稳中有进、稳健向好。五年提交油气探明地质储量超过 2 亿吨，致密油气等非常规资源实现规模动用，自然递减率等开发指标逐年向好，油气生产走出低谷，近三年产量箭头始终向上。重大科技专项支撑作用充分发挥，物联网应用深刻改变生产管理方式，管理架构、"油公司"模式、经营政策得到持续优化，市场意识和创效意识已经转化为自觉行动。制度体系建设取得重要进展，投资和财务管控策略更加有力，开源节流降本增效全面展开，依法合规管理持续加强，QHSE 业绩稳步提升，各类风险得到有效管控。全面从严治党向纵深推进，党员、干部模范带头作用有效发挥，员工群众安居乐业、对企业的归属感明显提升，队伍精神面貌积极向上。

【油气勘探】 2020 年，吉林油田完钻探井 46 口（其中勘探 21 口、评价 25 口），完成二维地震 308.54 千米。提交预测石油地质储量 4111 万吨，提交探明天然气地质储量 115.22 亿立方米，提交预测天然气地质储量 1008.77 亿立方米。

表 2-7 吉林油田主要生产经营指标

指 标	2020 年	2019 年	2018 年	2017 年	2016 年
原油产量（万吨）	400	396.72	393.72	390.01	404.5
天然气产量（亿立方米）	10.81	10.51	10.02	10.21	11.37
新增原油生产能力（万吨）	40.38	28.65	29.42	36.84	14.58
新增天然气生产能力（亿立方米）	1.33	1.7	1.02	1	0.75
新增探明石油地质储量（万吨）	3231.15	3768.62	3411.61	2010.59	1663.73
新增探明天然气地质储量（亿立方米）	115.22	——	247.61	——	141.43
二维地震（千米）	308.54	588.7	1076.49	908.98	307.88
三维地震（平方千米）	145	306	236.69	395	543.17
探井完成井（口）	52	56	62	70	69
开发井完成井（口）	624	763	803	850	270
钻井进尺（万米）	144.13	153.05	150.74	180.15	68.81
勘探投资（亿元）	13.2	16.35	12.34	13.42	12.22
开发投资（亿元）	46.49	51.34	41.34	38.85	20.19
上市业务资产总额（亿元）	331.2023	442.23	449.03	482.75	639
未上市业务资产总额（亿元）	38.54	37.12	45.97	62.38	75.99
上市业务收入（亿元）	93.9539	126.37	128.86	98.37	79
未上市业务收入（亿元）	45.38	47.28	54.23	52.18	44.28
上市业务利润（亿元）	-149.1961	-27.5	-46.6	-175.22	-58
未上市业务利润（亿元）	-3.09	-10.42	-5.74	-2.94	-7.77
上市业务应交税费（亿元）	6.196	13.77	20.39	10.05	8
未上市业务应交税费（亿元）	0.93	0.97	1.23	2.73	2.78

松南深层是天然气勘探的重点领域，长岭断陷断陷面积 1.3 万平方千米，资源量 1 万亿立方米，占深层天然气总资源量近 50%，资源潜力较大。2020 年度以源内勘探认识为指导，针对长岭断陷基于"源、储、藏"三方面工作获得突破，长深 40 等 4 口探井相继获得发现和突破证实长岭断陷神字井洼槽发育致密砂岩和火山岩大型复式气藏，根据成藏条件综合研究落实 3 套气藏有利面积 260 平方千米，资源量 1620 亿立方米，2020 年提交预测天然气地质储量 580 亿立方米。长岭断陷初步落实第二个千亿立方米规模储量区。

2020 年，在集团公司正确指导下、在新疆油田大力支持下，吉林油田有序推进吉木萨尔流转区块的各项工作。采集三维地震 230.9 平方千米，完钻探评井 13 口，6 口井获工业油流。吉木萨尔凹陷和阜康断裂带多层系取得重要发现。

松辽盆地青山口组页岩油资源潜力巨大，具有重大战略意义。松辽盆地是叠置于古生代基底之上的大型陆相沉积盆地，坳陷期发育多套沉积体系，青山口组一段、二段和嫩江组一段、二段沉积两套分布广泛、富含有机质、巨厚的半深湖—深湖相页岩，嫩一段、嫩二段页岩热演化程度低，青一段、青二段页岩热演化程度高，发育成熟页岩油资源。初步评价认为松辽盆地青一段、青二段成熟页岩油有利面积 1.87 万平方千米，资源量 152.72 亿吨，其中松辽盆地北部有利面积 1.37 万平方千米，资源量 98.02 亿吨，松辽盆地南部有利面积 5000 平方千米，资源量 54.7 亿吨。

【油田开发生产】 截至 2020 年底，吉林油区探明油田 24 个，探明石油面积 3030.60 平方千米，探明石油地质储量 16.57 亿吨，技术可采储量 3.45 亿吨，探明油田中的长春油田和莫里青油田位于伊舒地堑，套保油田位于松辽盆地西部斜坡区，四五家子油田位于松辽盆地东南隆起区，其余油田均位于松辽盆地中央凹陷区。开发油田 23 个（永平油田未投入开发），动用石油地质储量 11.27 亿吨，探明储量动用率 68.0%，动用石油可采储量 2.45 亿吨，标定采收率 21.75%。

截至 2020 年底，累计生产原油 17861 万吨，累计产液量 93003 万吨；累计注水量 137542 万立方米。累计注采比 1.23。地质储量采出程度 16.44%，综合含水 89.99%。储采比 16.6。

2020 年，有采油井 26786 口，采油井开井 18080 口，注水井 8726 口，注水井开井 6536 口，产油 400 万吨，地质储量年产油速度 0.37%，全油田年产液量 3919 万吨，注水量 5936 万立方米，年注采比 1.28，平均单井日产油 0.5 吨。

2020 年，全油田新建产能 42.41 万吨，新井产量 12.28 万吨。其中自营区新建产能 40.38 万吨，新井产量 11.37 万吨；合资合作区新建产能 2.03 万吨，新井产量 0.91 万吨。近年来，新区资源品质日趋变差，提高储量动用技术不适应，产能建设规模减少，储采平衡系数下降。2020 年自营区新增探明地质储量 3213 万吨。主要在大情字井、海坨子、两井和让字井油田外扩新区域，新增已开发原油地质储量 4135.19 万吨，增加可采储量 551.56 万吨；老区减少可采储量 15.91 万吨，需要加大力度推进提高老区采收率工作。

2020 年，把有效注水作为老区稳产的关键，深挖注水分类管理潜力，创新水驱，攻关低渗透能量补充技术，探索新驱替介质补充能量的方式，实现控制自然递减和含水上升的目的，油田自然递减率 11.3%，综合递减率 5.4%，老井含水上升率 0.7%。

【天然气开发生产】　2020 年，股份公司下达吉林油田年度天然气产量计划 10.0 亿立方米，商品量 6.9 亿立方米，完成天然气产量 10.8058 亿立方米，商品量完成 8.0182 亿立方米。股份公司下达吉林油田年度天然气产能建设计划钻井 9 口，钻井进尺 4.96 万米，新建产能 1.08 亿立方米，投资 2.5930 亿元。根据产能建设区块整体部署安排及区块评价需要，实际在长岭、德惠、英台等地区完成产能建设井位 15 口，新建产能 1.33 亿立方米，根据落实资源需要，在德惠地区实施评价井 1 口，总钻井进尺 6.17 万米，完成投资 4.03 亿元。

截至 2020 年底，投入开发气田 7 个，全油区投产气井 372 口，开井 233 口，年产天然气 10.8058 亿立方米，累计生产天然气 218.14 亿立方米。2020 年底配套能力 10.57 亿立方米，负荷因子 0.99。气层气井口年产天然气 11.0064 亿立方米，井口累计生产天然气 200.08 亿立方米，已开发气层气可采储量 461.32 亿立方米，采出程度 43.37%，已开发气层气剩余可采储量 261.23 亿立方米，采气速度 4.21%，储采比 23.74。

【科技创新】　2020 年，吉林油田地质研究持续深化，页岩油甜点优选标准初步建立，源内致密气成藏富集规律基本明确，吉木萨尔近源成藏认识初步形成。工程技术取得新成果，水平段长度突破 2000 米，重点探井钻井周期缩短 58%，水平井体积压裂、直井分段压裂、老井整体压裂提产均在 10% 以上，排水采气形成 3 种模式，带压作业突破 1300 口，小修替代大修 89 口。三采技术稳步发展，二氧化碳驱黑 125 工业化试验区建成投产，氮气驱年增油 8000 吨，化学驱和纳米增渗驱配方体系基本形成。数字化转型初见成效，核心专业历史数据全部入库，物联网不正常井发现率超过 95%。节能技术取得新进展，地热利用进入现场试验，新立污水余热回收顺利实施，单位油气生产综合能耗同比下降 3%。开展新技术推广项目 21 项，创效 3500 万元；推广群众性创新成果 342 项，创效 6994 万元。

【企业管理】　2020 年，吉林油田落实深化改革三年行动计划，压减二级、三级机构 90 个，控减比例 7.4%，新一轮定员缩编 7893 个，建成"油公司"新型管理区 1 个、作业区 16 个，实质性移交排水、道路保洁、托幼、离退等业务，完成厂办大集体改革第一阶段任务。大力推进提质增效专项行动，百万吨原油、亿立方米天然气产能投资分别同比下降 5% 和 9%，基本运行费、人工成本、管理费用实现硬下降，外委外雇转自营创效 1.7 亿元，外输劳务新增 404 人、规模超过 4400 人，签订外部工程技术服务合同 2.5 亿元，压减法人 3 户，压降存货 1.19 亿元，完成清欠 1.86 亿元。启动对标一流管理提升行动，管理体系融合全面完成，招投标、合同、审计等管理进一步规范，电力、土地、油料等监管力度加大，一批法律纠纷案件得到妥善处理。

【安全环保】 2020 年，吉林油田安全环保形势保持稳定，未发生新冠肺炎病例，未发生新增职业病，未发生质量事故，未发生生产安全责任事故，未发生井喷失控事故和环境污染事件。全年排放氨氮 2.6 吨、二氧化硫 801 吨、氮氧化物 551 吨，COD 无排放。全部控制在总部要求范围内。全年节能量 1.36 万吨标准煤。节水量 10 万立方米。检定计量器具 45877 台，强制检定计量器具周检率 100%。开展 4 轮大检查大讨论活动，全面启动绿色矿山建设，强化井筒、工程建设、采购产品等质量管控，实施专项审核 23 个、全覆盖监督 6 轮、应急演练 3 次，整治高风险问题 2838 个，治理隐患 17 个，减少油土新增量 16%，清理承包商 35 家，被集团公司评为质量安全环保节能先进企业。

【企业党建工作】 2020 年，吉林油田学习习近平总书记重要讲话和重要指示批示精神、党的十九届五中全会精神，两级党委学习研讨 696 次；主题教育查摆问题全部整改，集团公司党组巡视反馈问题整改率 96%。队伍建设抓得更强，新提拔中层领导人员"80 后"，30 名年轻干部到铁人学院深造，职业培训 1 万人次，技术技能核心人才突破 3200 人。党建责任抓得更实，第二轮党委书记述职评议全面启动，首轮党支部书记述职评议全覆盖，4 个党委落实主体责任不力受到约谈。党建"三基本"建设抓得更牢，启动党支部规范化建设三年行动，完成党支部集中换届选举，实现 7086 名退休党员社会化管理。正风肃纪抓得更严，疫情防控、餐饮浪费、提质增效等专项监督取得实效，两轮巡察 15 个单位、"回头看" 9 个单位。宣传思想文化抓得更深，"战严冬、转观念、勇担当、上台阶"主题教育活动全员参与，建矿 60 周年系列活动凝心聚力，意识形态管理和新媒体宣传持续发力，汇集起艰苦奋斗、克难奋进的正能量。

【和谐企业建设】 2020 年，吉林油田治安维稳态势向好，破获涉油案件 12 起，进京访集体访人次同比下降 35%。民生实事全面落地，改造楼顶和墙体 503 栋，安装门禁系统 322 个，升级高清监控系统 1305 个。重建和加固维修震损建筑物 390 座。协调完成供应中区回迁安置，小窑、职大、地调回迁楼开工建设。增加体检项目和频次，确保重大恶性疾病早发现、早治疗。实现全国就医"一卡通"。精准帮扶困难家庭 9482 户次。物业托管期间服务质量不降，在松原创建国家卫生城活动中贡献油田力量。

【疫情防控】 2020 年，吉林油田坚持把员工群众生命安全和身体健康放在首位，落实管控措施，对整个油区摸排 21 轮，隔离观察 5928 人，核酸检测 3589 人。精准有序复工复产，333 支外部队伍"零病例、零等停"入场施工，申请开通外输劳务航空专线。组织医务人员驰援武汉和舒兰，率先启动松原地区口罩生产线，筹集抗疫物资对外捐赠支援。

（李冬梅）

中国石油天然气股份有限公司
大港油田分公司
（大港油田集团有限责任公司）

【概况】　中国石油天然气股份有限公司大港油田分公司（大港油田集团有限责任公司）简称大港油田，是中国石油所属的以油气勘探开发为主，集油气管道运营、储气库运营、技术咨询服务、修井作业、井下测试、物资供销、信息通讯、检测评价、电力供应、多元投资等业务于一身的地区分公司，总部位于天津市滨海新区。大港油田勘探开发建设始于 1964 年 1 月。截至 2020 年底，矿权面积 16787.9 平方千米，地跨天津、河北、山东 3 省（直辖市）的 25 个区、市、县。大港油田员工总数 21491 人，设 16 个机关部门、5 个直属单位、38 个所属单位，资产总额 573.71 亿元。2020 年大港油田生产经营指标见表 2-8。

2020 年，大港油田落实"高、早、变、快、实、好、精、严"八字要求，一体推进提质增效专项行动和"战严冬、转观念、勇担当、上台阶"主题教育活动，应对新冠肺炎疫情和油价断崖式暴跌等困难，抗疫情、保生产、稳经营、提效益，各项工作稳步推进。

【"十三五"回顾】　"十三五"期间，大港油田渐次开展主战区、接替区、潜力区勘探，在沧东凹陷官东地区实现陆相页岩油工业化开发重要突破，入选中国"十大油气勘探重大发现"。钻获百吨高产井 33 口，新增原油三级储量 3.1 亿吨、天然气三级储量 465.8 亿立方米，并在新增储量区建成 8 个日产百吨高效区块，增储建产一体化管理成果获"第二十四届国家级企业管理现代化创新

表 2-8　大港油田主要生产经营指标

指　标	2020 年	2019 年	2018 年	2017 年	2016 年
原油产量（万吨）	415.02	417.02	407.02	402.78	407.87
天然气产量（亿立方米）	6.63	5.68	5.21	5.09	4.73
新增原油产能（万吨）	66.99	141.63	85	74.6	50.80
新增天然气产能（亿立方米）	0.62	1.1	1	1	1
新增探明石油地质储量（万吨）	3223.57	3198.31	845.86	1874.46	1515.56
钻井（口）	291	510	402	496	313
钻井进尺（万米）	82.21	148.64	93.48	128.39	80.29
勘探投资（亿元）	15.34	20.09	12.61	14.07	11.59
开发投资（亿元）	35.93	69.23	43.85	40.28	18.07
资产总额（亿元）	573.71	590.79	578.65	543.66	531.09
收入（亿元）	202.7	245.2	248.53	198.25	121.8
利润（亿元）	−21.19	8.9	6.98	−6.35	−51.19
税费（亿元）	8.61	18.22	23.5	16.46	7.08

二等奖"。生产原油 2049.71 万吨、天然气 27.34 亿立方米，储气库调峰采气 93 亿立方米，新增经济可采储量 1616 万吨，油气产量保持"箭头向上"。坚持以经济效益为中心，创新实施"生产经营一体化"管理模式，收入 1016.48 亿元、上缴税费 73.87 亿元，预算同口径减亏增利 29.8 亿元。推进绿色矿山创建，投入资金 11.3 亿元治理重点安全环保隐患 157 个，关停退出环境敏感区油气井 130 口，实施重大风险长停井永久封井 125 口，钻修井清洁生产覆盖率 100%，成为集团公司首家进入全国绿色矿山名录的地区公司。推进"油公司"模式改革，精简二级、三级机构 388 个、清退外雇工 1296 人，改革减员 1277 人。组建集团公司首家院士专家工作站，攻关形成陆相页岩油富集理论、水平井 + 二氧化碳吞吐稠油提产等处于国内领先水平的优势特色技术 14 项，成为集团公司首家获国家"两化融合突出贡献奖"单位。争取政府出资 5.9 亿元、自行筹资 35 亿元，实施港西新城职工住宅、幸福路拓宽改造等重点民生工程与矿区建设，完成 2.65 万名河北户籍职工家属"迁津落户"，推介职工子女社会化就业 3144 人次。

【油气勘探】　2020 年，大港油田完钻探评井 76 口，钻井进尺 25.7 万米，获工业油流井 43 口，其中日产百吨井 5 口，探井成功率 63.5%。新增探明石油地质储量 3223 吨、探明可采石油地质储量 533 吨、控制石油地质储量 1103 万吨；沧东凹陷南皮斜坡致密油勘探获重要进展，整体形成一个 3000 万吨级整装探明储量区；歧口凹陷沙河街组三段页岩油勘探获重要突破，覆盖资源量 4.1 亿吨，形成新增储量接替战场。成熟区带精细勘探成效显著，在刘官庄、北大港构造带、埕海地区落实 3 个千万吨级高效增储建产区；潜山内幕原生油气藏甩开预探发现重要苗头，奥陶系油气显示良好。

【油气开发】 2020 年，大港油田注水专项治理覆盖储量 3.1 亿吨、自然递减下降 2.5 个百分点，二次开发新建产能 46 万吨、产油 21.8 万吨，取得近五年最好成效，三次采油年产原油 44.6 万吨，二氧化碳吞吐、老井储层改造等专项工程措施增油 11.5 万吨，在沈家铺、埕海二区、板中东地区建成 3 个日产百吨高效区块，赵东项目钻获 9 口百吨高产井，港西油田"二三结合"效益稳产工程获集团公司认可。管道和站场完整性管理获新突破，大港油田获评股份公司"最佳进步单位"。在原油、天然气产能投资分别大幅压减 52.1% 和 50.7% 的情况下，生产原油 415.02 万吨，完成年度计划；生产天然气 6.63 亿立方米，超产 1.6 亿立方米。

【提质增效】 2020 年，大港油田落实"一图一表六模块一活动"（关键业绩指标提升路线图，提质增效专项行动任务分解运行表，增储建产、稳油增气、投资管控、降本增效、亏损治理、管理提升六模块，"战严冬、转观念、勇担当、上台阶"主题教育活动），优化各类方案设计，压减成本 1.89 亿元；盘活土地资源实现增收 6019 万元；加强物资设备管理，节约资金 2.9 亿元；用足社会保险减免、电力"大用户"直接交易等各类财税政策，减少支出 2.7 亿元；加强内部项目自建运行管理，避免效益流失 4426 万元，资产轻量化减负 3.4 亿元；稳固外部市场创收 28 亿元，局、处级机关管理费同比下降 31.5%、"五项"费用下降 50.1%。营业收入 202.7 亿元、控亏 21 亿元，完成上级下达的效益指标。

【改革创新】 2020 年，大港油田退休人员社会化管理、厂办大集体改革基本完成，污水处理业务移交地方政府，专业技术岗位序列改革全面展开，勘探评价、工程监督等职能机构优化调整有序实施，"采油厂—采油作业区"两级管理全面落地，精简二、三级机构 73 个、盘活内部用工 2742 人。股份公司三期重大科技专项阶段检查获评"优优"，油藏渗流地球物理、"王徐庄 + 港西模式 2.0"等科技信息创新应用成效显著，率先在集团公司建成数字油藏 1.0，获省部级以上科技和管理创新奖 42 项、获授权发明专利 52 件。

【安全环保】 2020 年，大港油田树立"隐患就是事故，事故就要处理"理念，开展安全生产"大排查、大整治"活动，检查现场 650 个，查改问题 1300 余项。日常监督发现整改问题 13978 个，下达隐患整改通知单 172 份，经济处罚 49.3 万元。开展全要素、全覆盖内部审核和井下作业公司专项审核评估，查改问题 1986 个。对照集团公司 237 个审核问题清单，督促各单位举一反三、对照查改问题 1823 个。推广污水余热回收利用、钻修井清洁作业等节能减排新工艺、新技术，节电 1056 万千瓦·时，节支 837 万元。产生化学需氧量 249.7 吨、氨氮 12.2 吨、二氧化硫 7.7 吨、氮氧化物 1059.6 吨，指标排放量均在控制线以内；综合能耗 41.3 万吨标准煤，节能 1.06 万吨标准煤；用水 410 万立方米，节水 10 万立方米，超额完成天津市和集团公司年度指标，并通过中央第六生态环境保护督察组现场验收。

【矿区和谐】 2020 年，大港油田启动安全生产专项整治三年行动，制定推行岗位员工"十条保命法则"，治理重点隐患 23 个。帮扶困难职工 1.1 万人次，帮助基层解决实际问题 844 个，争得津潍高铁在大港油区增设站点，大港油田第二、第六采油厂工艺地质所回迁大港油田中心区办公，办理完成首批 12 个住宅小区的土地使用证和房屋所有权证。联合公安机关抓获涉油气犯罪嫌疑人 40 人，未发生"进京"越级信访事件，大港油区安稳和谐局面持续巩固。

【疫情防控】 2020 年，大港油田全力应对新冠肺炎疫情，建立以大港油田主要领导为组长、机关处室及所属单位为成员的疫情防控领导小组，编制六版《新冠肺炎疫情防控工作指导手册》及《大港油田常态化疫情防控措施指南》，筑牢疫情防控体系。按照早发现、早报告、早隔离、早治疗要求及国务院联防联控机制，排查武汉、北京、乌鲁木齐、大连、瑞丽、青岛、喀什地区、浦东新区、滨海新区归来人员 4839 名，核酸检测 652 人，居家隔离 4018 人，注射疫苗 32 人。开展办公场所、生产区域、超市、市场、食堂防疫工作督导检查 300 余次，并严格承包商和外来人员防控管理，油区职工群众及海外员工"零确诊、零感染"。大港油田对外技术服务公司获评集团公司"抗击新冠肺炎疫情先进集体"，3 人分别获集团公司"抗击新冠肺炎疫情先进个人"、天津市"抗击新冠肺炎疫情劳动模范"称号。

【数字油藏 1.0 建设完成】 2020 年，大港油田数字油藏 1.0 建设完成。该项目利用多学科成果构建多维虚拟油藏数据体，依托数字化、可视化、智能化的优势，创新研发油气藏研究软件云化管理技术、油气藏大数据全链管理技术、大数据驱动下油气藏智能决策技术，并配套形成专业软件云化、油气藏大数据、协同研究、智能决策的现代油气藏经营管理新模式，硬件资产综合利用率提升 50%，油气藏应用开发效率提高 10 倍，项目研究时间由 2 年缩短为 1 年，模型精度提升到 95%，老油田自然递减降低 4.69%，为中国石油油气开发领域数字化、智能化建设提供技术借鉴。

【数字油田综合应用系统获国家发明专利】 2020 年，大港油田首创的"数字油田综合应用系统"获国家专利。该系统采取开放式技术架构，是一个多数据库融合、多业务领域协同的集成应用系统，可在数据池、功能池、服务池中，快速检索相关业务链条，实现按需定制，达到"一张纸"办公模式，创集团公司跨系统、跨专业的综合类管理系统先河。该系统投用后，业务处理能力与工作效率均有提升，为大港油田数字化转型、智能化发展提供参考与支撑。

【管道技术项目获中国创新方法大赛一等奖】 2020 年，大港油田申报的技术项目"基于 TRIZ 理论的管道阴极保护技术智能化升级"获中国创新方法大赛一等奖。该项目运用 TRIZ 创新方法分析管道阴极保护系统，并应用"小人法"实施系统升级。该项目突破以惯性思维解决问题的局限性，通过选择问题系统层级，确定系统问题矛盾，建立问题模型、方案模型，最终形成实际方案，为解决油气管道问题、提升管道输送效率提供技术指引。

【青年人才建设】 2020 年，大港油田推进青年马克思主义者培养工程与"青字号"品牌创建活动。按照"按需、竞争、择优、公开"原则，引进硕士学历和重点院校优秀本科生，注入新生力量；开展"十杰百优青年""双争双创评选"等特色活动，激发工作活力；根据岗位与个性差异，针对性实施青年成长体系建设，明确成长路径；深化青年干部培训和挂职交流，增强履职能力。第二采油厂冯萌萌获第 24 届"中国青年五四奖章"；井下作业公司成利鹏当选全国青联十三届委员会委员；第三采油厂作业六区管理一站刘晓东入选"中国好人榜"，获评见义勇为类"中国好人"。三项荣誉皆为大港油田首例。

【大港油田博士后工作站获评全国优秀博士后科研工作站】 2020 年，大港油田博士后工作站获评"全国优秀博士后科研工作站"。全国博士后工作综合评估每 5 年开展一次，3324 家博士后工作站参加评估，221 家获评优秀。大港油田围绕海工、新能源、智能化油田等科研新领域及勘探开发紧缺专业，通过高校专场和网络评审形式，考察博士 8 人，签约 3 人，博士队伍结构进一步优化。"中国博士后科学基金特别资助及面上资助"项目获国家二等资金基金资助，并成为中国石油行业唯一由企业博士后工作站独立申报的项目。研发"液体自支撑压裂技术的研发与实践"等 5 项科研成果，助推油气开发质量与效益提升。

（刘朝晖　覃爱群）

中国石油天然气股份有限公司
青海油田分公司

【概况】 中国石油天然气股份有限公司青海油田分公司（简称青海油田）主营业务为石油天然气勘探、开发、炼油化工、油气集输、储运、勘探开发研究等业务，同时具有石油工程技术服务业务。

青海油田主要勘探开发领域——柴达木盆地，是中国七大内陆含油气盆地之一，地理面积约 25 万平方千米，沉积岩面积 12 万平方千米。油气总资源量 70.3 亿吨，其中石油 38.17 亿吨（包含致密油 8.58 亿吨）、天然气 32127 亿立方米。工作区域平均海拔 3000 米以上，是国内自然条件、工作环境最艰苦的油田之一。

截至 2020 年底，发现油田 23 个、气田 9 个，累计探明油气地质储量 11.84 亿吨，其中石油 7.7 亿吨、天然气 4128.27 亿立方米，油气探明率分别为 20.16% 和 13.4%。累计生产油气 1.39 亿吨，其中原油 6414 万吨、天然气 939.6 亿立方米，加工原油 3258 万吨。固定资产原值 647.99 亿元、净值 315.95 亿元；累计收入 4088 亿元，上缴税费 1344 亿元，连续 25 年保持青海省第一利税大户和财政支柱企业地位，被誉为青海经济发展的"领头羊"。

2020 年底，青海油田有花土沟原油生产、格尔木天然气和炼油化工、敦煌科研教育生活三个基地，有机关处室 16 个、直（附）属单位 6 个、二级单位 34 个。在册员工 16351 人，平均年龄 40.7 岁。男员工 10452 人，占员工总数的 64%；女员工 5899 人，占员工总数的 36%；35 岁及以下青年员工 4968 人，占员工总数的 30%；管理人员 3101 人，占员工总数的 19%；专业技术人员 2240 人，占员工总数的 14%；技能操作人员 10279 人，占员工总数的 63%，岗位退出人员 731 人，占员工总数的 4%。

【生产经营】 2020 年，青海油田新增油气三级地质储量 1.64 亿吨，探明石油地质储量 2389.25 万吨，生产原油 228.5 万吨、天然气 64 亿立方米，加工原油 150 万吨；收入 145.76 亿元，经营效益在集团公司国内上游企业排名第 4（表 2–9）。

表 2-9 青海油田主要生产经营指标

指标	2020 年	2019 年	2018 年	2017 年	2016 年
原油产量（万吨）	228.5	228	223.3	228	226.3
天然气产量（亿立方米）	64	64	64.05	64.01	60.8
新增原油产能（万吨）	31.61	44.86	41.66	48.45	35.07
新增天然气产能（亿立方米）	9.63	6.45	10.36	6.5	4.87
新增探明天然气地质储量（亿立方米）	2389.25	3244.45	286.32	2279	2801
二维地震（千米）	1000	874.84	806.8	1955	1053
三维地震（平方千米）	800	599.6	857	671	599
探井（口）	47	48	42	59	53
开发井（口）	228	560	463	627	503
钻井进尺（万米）	21.51	110.68	91.2	122.11	84.2
收入（亿元）	145.76	174.21	217.31	200.95	167.41
利润（亿元）	9.86	16.29	28.97	25.19	16.01

【"十三五"回顾】 "十三五"时期是青海油田稳健发展的五年，也是接续奋斗建设千万吨规模高原油气田的五年，广大干部员工坚定信念、砥砺前行，开创油田高质量发展的新局面。

石油勘探主攻英雄岭、扩展柴西北、深化柴西南，先后发现英西、英中、扎哈泉、切克里克等油藏。天然气勘探主攻阿尔金山前、深化三湖生物气、风险勘探腹部构造带，发现尖北、昆特依两个气田，生物气创新勘探多类型发现新苗头。综合勘探深层卤水和砂岩型铀矿，获铀矿、碳酸锂、氯化钾实验产品。"十三五"期间，新增油气三级地质储量当量 8.49 亿吨，其中探明石油地质储量 1.5 亿吨、天然气地质储量 422.44 亿立方米，获集团公司油气勘探重大发现奖 9 项。

发挥"勘探与开发、地质与工程、地面与地下、生产与销售"一体化优势，形成以前线指挥部为前沿、总值班室为指挥源头的生产管理模式，油气当量连续 10 年稳在"7"字头，尕斯油田百万吨规模稳产 29 年，打造英东油田效益建产的典范，涩北气田 50 亿立方米稳产 11 年。格尔木炼油厂实现"三年一修"，油品质量达到国 VI A 标准，95 号高标号汽油和 -35 号低凝点柴油、航空煤油产品填补青藏地区生产空白。"十三五"期间，累计生产油气当量 3716 万吨，其中原油 1129 万吨、天然气 316.9 亿立方米，加工原油 741.12 万吨。

深入推进全员全过程全要素降本增效，实现储量、产量、效益逐年增长，投资、成本、人员逐年下降的"三增三降"目标。"十三五"期间，连续 25 年保持青海省利税大户和财政支柱企业地位。

完善科研创新体系，建立三级技能专家工作室管理模式，开展科技项目661 项，新技术推广 63 项，科研成果应用率 95%，形成强改造盆地油气地质理论等 7 项重要成果，连续管作业技术成为集团公司标杆示范。加快数字化油田建设，实现 5943 口生产井数字化、23 个场站无人值守。"十三五"期间，获国家能源科学技术进步奖 1 项，科技成果荣获省部级以上奖项 45 项，其中集团公司科学技术进步奖 14 项。

建立完善生产安全风险分级管控和隐患排查治理双重预防机制，健全QHSE 委员会和 6 个分委会，实现"属地、专业、专职"三位一体监督模式，完成全员安全环保履职能力评估，分级防控 8 类重大风险、157 个风险点源。实施油泥砂处理、格尔木炼油厂硫黄回收、工业废水处置等环保项目。"十三五"期间，工业生产事故起数同比下降 42.6%，主要污染物排放总量削减56% 以上，连续五年评为青海省安全生产先进单位，两次获集团公司质量安全环保节能先进企业。

实施艰苦边远地区津贴、基地餐厅建设、盆地一线免费就餐、通廉航班、医院移交、雪亮工程、家庭宽带提速等惠民实事，实施矿区建设项目 23 个，建成东坪油苑住宅 2794 套，完成 12094 套老旧小区改造，"三供一业"、退休人员社会化管理等办社会职能平稳移交。助力脱贫攻坚战，实施冷湖镇农业种植园、唐古拉山镇文化旅游建设和长江源村综合服务中心建设等项目，获青海省脱贫攻坚精准扶贫先进单位。

【油气勘探】 2020 年，青海油田提升勘探开发力度，创新咸化湖相碳酸盐岩油气藏富集规律，开展复杂三维地震攻关，优选干柴沟部署钻探柴 9 井，日产原油 121 立方米、日产天然气 5 万立方米。发现新的高产、埋藏浅的效益勘探区带，获集团公司油气勘探重大发现成果一等奖。集中勘探柴西北，控制南翼山、风西两个亿吨级规模储量区。台南、涩北、驼峰山区块见到较好效果。原油开发聚焦"精细治理老区、精心培育新区"，优化单井设计和措施类型，完全成本同比降低 9.66 美元 / 桶，原油产量超计划 1.5 万吨。坚持产储炼销一体化，争取成品油在青海省销售份额，在新冠肺炎疫情期间避免格尔木炼油厂关停，实现"安稳长满优"运行。实施二维地震 5789 千米、三维地震 4075 平方千米；实施探井 238 口，累计钻井进尺 84.73 万米；钻探风险井 9 口，钻井进尺 5.02

万米。新增油气三级地质储量当量 8.49 亿吨,其中探明石油地质储量 15078.57 万吨、探明天然气地质储量 422.44 亿立方米。

【油气生产】 2020 年,青海油田充分发挥"油田公司前指 + 油田开发领导小组"的现场监管机制,开辟油田开发项目组运行管理模式,将科研、生产与机关深入融合,有效调动开发一路的集体智慧和力量,实现原油产量逐年攀升的良好局面。

截至 2020 年底,累计探明叠合含油面积 412.59 平方千米,探明石油地质储量 70870 万吨,技术可采储量 13509 万吨,动用 22 个油田(39 个油藏区块),分别为尕斯库勒、跃进二号、乌南、昆北、扎哈泉、花土沟、七个泉、狮子沟、南翼山、油泉子、咸水泉、尖顶山、红沟子、开特米里克、冷湖、南八仙、马北、鱼卡、英东、英西、小梁山、大风山。累计动用探明石油地质储量 61056.72 万吨,累计动用石油技术可采储量 12308.48 万吨,共动用地质储量占探明储量的 86.15%,技术可采储量占总探明技术可采储量的 91.11%,储采平衡系数为 2.24。采油井 5452 口,开井 3902 口,年均日产油 6243 吨,年产石油液体产量 228.50 万吨(其中液化气产量 2.91 万吨),累计生产原油 6390.89 万吨,年产液 644.92 万吨,累计产液 1.48 亿吨。

青海省柴达木盆地探明不同类型的气田 15 个,累计探明天然气地质储量 4125.71 亿立方米。开发涩北一号、涩北二号、台南、南八仙、乌南、马西、马北 8、盐湖、英东、牛 1、东坪和尖北气田,累计动用天然气地质储量 4048.72 亿立方米,累计动用天然气可采储量 1986.86 亿立方米。2020 年,生产天然气 64.00 亿立方米,销售天然气 57.41 亿立方米,"涩—宁—兰"及复线销售 44.23 亿立方米,油田周边销售 13.18 亿立方米,累计销售 817.84 亿立方米,"涩—宁—兰"及复线累计销售 594.82 亿立方米。

老区以稳定老井为重心,抓实抓细综合治理和水侵挖潜,强化泥岩层及表外层试采评价,推进工艺技术瓶颈攻关,完成评价实验 2 项、提高采收率实验 5 项、专题研究 3 项。新区紧盯昆特依区块,加大试采评价力度,深化地质研究认识,为区块增储上产做好技术支撑,完成三维地震精细处理主体工作量、评价实验 3 项、专题研究 1 项。

【安全生产】 2020 年,面对青海油田将质量安全环保节能与"战严冬、转观念、勇担当、上台阶"主题教育活动深入融合,强化依法合规,注重标本兼治。一般生产安全 A 级事故零起,百万工时死亡率为零;万台车死亡率为零;职业健康体检率 100%,职业病危害因素检测率 100%。深化 QHSE 培训,组织安全管理人员和特种作业资格取证、承包商 HSE 培训和关键岗位能力提升培训 45

期 3142 人次，培养属地安全管控"明白人" 147 名；通过演讲、宣讲等方式，开展安全生产月、环境日、质量月等主题活动，30 万余人次参与答题，征集安全环保"话与画"作品 162 份，发放资料 4469 套（册）。开展"低、老、坏"专项整治、井控升级管理月、生态环境隐患排查等活动，投入 2.89 亿元，整治安全环保隐患 157 项。

组织井控、消防、承包商、特种设备等检查 26 次，整改问题 6183 项；严格承包商过程监管和考核，末位淘汰 4 家、黄牌警告停工整顿 5 家，清理资质失效队伍 13 支，满足集团承包商"两个 3%"工作要求。推进安全生产专项整治三年行动，学习研讨习近平安全生产重要论述 127 次，实施 114 项重点工作；开展 QHSE 合规评价，修订《青海油田安全生产承包点管理办法》等制度 16 项。

【炼油化工】 2020 年，青海油田加工原油 150.01 万吨，生产汽油 53.27 万吨，柴油 66.90 万吨、航空煤油 0.15 万吨，液化气 4.64 万吨，燃料油 2.66 万吨，烷基化油 3.07 万吨。销售汽油 53.42 万吨，柴油 66.61 万吨，航空煤油 0.21 万吨，燃料油 2.32 万吨，液化气 4.62 万吨，拔头油 2.29 万吨。生产甲醇 8.16 万吨，聚丙烯 3.05 万吨，苯 0.53 万吨，硫黄 0.27 万吨。销售甲醇 6.67 万吨，聚丙烯 3.06 万吨，苯 0.54 万吨，硫黄 0.27 万吨。

截至 2020 年底，青海油田炼化业务有 150 万吨 / 年常减压装置、90 万吨 / 年催化裂化装置、30 万吨 / 年汽油重整装置，19 万吨 / 年汽油重整装置、15 万吨 / 年柴油加氢装置、25 万吨 / 年汽油加氢醚化装置、80 万吨 / 年加氢裂化装置、16 万吨 / 年重汽油补充加氢装置，10 万吨 / 年甲醇装置、30 万吨 / 年甲醇装置、10 万吨 / 年气体分馏装置、2 万吨 / 年聚丙烯装置、2 万吨 / 年 MTBE 装置、3 万吨 / 年苯抽提装置、8 万吨 / 年干气、20 万吨 / 年液化气脱硫装置、42 万吨 / 年酸性水汽提装置、5000 吨 / 年硫黄回收装置、8000 吨 / 年硫黄回收装置、15 万吨 / 年航空煤油装置、5 万吨 / 年烷基化装置、6 万立方米甲醇驰放气及 1.10 万立方米混合气 PSA 提氢装置，以及相应的"水电气风路储运"等配套设施。可生产 92 号、95 号国 VI A 标准汽油；+5 号、0 号、–10 号、–20 号、–35 号国 VI A 标准柴油；甲醇、聚丙烯、纯苯、MTBE（甲基叔丁基醚）、液化石油气、液氨、航空煤油、硫黄等炼油、化工产品。

【工程技术服务】 2020 年，青海油田井下作业工程作业一次合格率 99.74%，二次作业发生率降低 46.75%，作业周期 4.67 天；试油气施工工序一次成功率 99.25%，资料差错率 1.25‰，试油周期 32.16 天；常规大修施工合格率 100%，套损井修复率 52.94%，大修周期 21.18 天；压裂酸化措施改造成功率 95.28%。

通过推广应用聚丙烯酰胺类粉体封堵暂堵剂，开展天然聚合物类抗滤失压井液、冻胶堵漏剂试验，有效防止压井液漏失，推广应用聚丙烯酰胺类粉体封堵暂堵剂 55 井次，平均漏速由 12 米³/时降至 3.4 米³/时，同比下降 71.6%，返排率 83.5%。由井下作业技能专家工作室牵头，开展气井防砂一趟管柱工艺试验，在台 1–21 井获得成功，单井节约施工费用 25 万元。

2020 年，承建工程项目 65 项，完工 43 项；生产各型抽油机 180 台、橇装产品 91 套、控制柜 830 面，套管螺纹加工 19000 吨，压力容器及加热炉制造 44 套，非标及其他加工 136 套，管线防腐保温 635.1 千米。

【科技发展】　2020 年，青海油田科技工作以构建适应油田发展的特色创新体系为目标，推进科技改革与管理创新，完善激励措施，通过完善"决策、组织、实施"三级机构，明确各部门功能、职责定位，推动国家油气专项、集团公司重大科技专项、重大现场试验等科技项目取得新进展。组织开展各类科研攻关项目 251 项（含省部级及以上 19 项）。科研项目进度完成率 95.1%，科技创新及成果转化应用率 95%，获省部级科技奖励 9 项，其中青海省科学技术进步奖 3 项、石油化工自动化协会科技奖励 6 项。获国家授权专利 33 件（发明专利 6 件）。新技术、新产品推广应用 7 项，创效 900 万元。举办"2020 年青海油田青年学术论坛"，28 篇论文获奖。出版《青海石油》4 期，发表论文 80 篇。

推广应用"四新"技术 4 项，累计推广应用 60 井次，通过新技术推广应用累计创效和节约成本 191.71 万元。其中，"液面监测系统推广应用"累计完成 32 井次，节约费用 89.5 万元。

【数字化油田建设】　2020 年，青海油田信息化工作紧密围绕集团公司"数字中国石油"战略部署，持续推进信息化技术与油田产业链深度融合，全面促进油田公司发展理念、生产模式、科技研发、管理体制体系等全方面变革，加速推进"油公司"模式改革。围绕新油气田效益建产、老油气田持续稳产，统筹谋划"十四五"工作，加强信息化顶层设计，坚持试点先行、分步实施，数字化油田建设稳步推进。

油气水井系统（A11）升级，系统兼容 A11 标准和油气水井标准，实现油田单井生产数据的全覆盖，确保井口数据在同一平台统一管理；采油与地面工程（A5）2.0 升级，成立项目工作领导小组和项目实施组，完成问题追踪 182 项，单井基础数据补录 106402 条，对接 63002 条，单井设备数据加载由原来的 65% 提升到 100%，完成《气田开发动态分析及诊断系统》与 A5 系统采气生产模块的数据同步工作；电子公文（OA）2.0 升级，梳理各单位电子公文系统 AD 账号信息，为单轨登录提供技术保障；油田财务共享项目建设，完成财务共享平台中 ERP 系统部分的梳理和 ERP 测试系统中 28 家单位的测试单据准备工作；优化勘探生产管理模块数据获取流程及曲线成图功能，更新一体化助手石文插件和石文研究模块数据流程获取优化，解决综合查询展示模块的录井综合图和试采曲线打开报错问题，完成用户登录次数弹窗显示的功能开发，解决卡奔井筒可视化 IEP 文件读取问题。实现油田生产数据、生产现场视频、工业控制、生产调度、生产应急一体化和可视化管理，提高油田公司生产运行管理水平和应急指挥能力。

勘探与生产技术数据管理系统（A1）加强权限管理，定期开展岗位角色对应关系检查，及时处理用户申请、撤销、变更、解锁等系统运行维护工作，清理账号 37 个，新建账号 5 个，现有账号 283 个，完善系统内组织机构 2 个（油气生产单位，勘探开发研究院），优化业务流程 15 条，油田共开钻 524 口井，钻井、录井、测井、试油等专业采集任务下发 4256 井次，任务入库 2873 井次，结构化数据 721014 条、文档数据 117328 份、二维地震数据 2.7 太字节、三维地震数据 4.6 太字节，系统数据正常化工作有序开展；油气水井生产数据管理系统（A2）配合集团公司 A2 项目组展系统运维满意度调查 1 次、网络测试 8 次，系统接口调试处理 3 次，保障油田生产数据上报勘探与生产公司工作；采油与地面工程运行管理系统（A5）基本完成单井基础数据补录工作，主要包括：4269 口钻完井基础信息、3210 口单井小层数据、7147 口单井套管信息、7148 口单井油层套管记录、2321 口井射孔数据、4850 口井单井井斜数据、6370 口油气水井井口设备（抽油机、电机、控制柜、皮带等）资料补录工作；油气生产物联网系统（A11）新增配套采集设备油井 276 套，水井 24 套，气井 176 套，油井数据上线率 92%、水井上线率 91%、气井上线率 97%。勘探与生产 ERP（D1）在现行的 ERP 系统物资管理模块内增设物资到货通知单流程，将到货通知单的下达业务在 ERP 系统内进行电子化，实现到货通知无纸化；电子公文系统（E5）系统用户 20800 名，年均发文 25300 件。根据业务需求变化及时调整系统流程配置，建立从厂处到地区公司的两级运维模式。在集团公司统建系统 2020 年度考核中，青海油田电子公文系统位居第一名；企业信息门户（E3）开发"深入开展'战严冬、转观念、勇担当、上台阶'主题教育活动""众志成城、防控疫情青海油田""2020 年网络安全宣传周""青海油田2020 年两会专题""高质量推进千万吨规模高原气田建设（2020 年领导干部会议精神）""走向我们的小康生活""新春及节假日宣传彩页"等 12 个专题网页；视频会议系统（F7）开展局级会议 329 场次，会议保障率 100%。

【企业党建工作】 2020 年，青海油田党委设二级单位党委 31 个，党总支 4 个，党支部 401 个，基层党支部覆盖率 100%。党员 7581 人，其中在职党员 7387 人，离退休党员 25 人，其他党员 169 人。女性党员 2407 人，少数民族党员 344 人。新发展党员 206 名。

青海油田党委逐级传递压力，大力开展主题教育宣讲，以领导带头示范讲、全面覆盖巡回讲、上下联动重点讲的形式，宣讲 522 场次。组织转变观念大讨论 1500 多次，收集合理化建议近 2000 条，讨论出提质增效的措施和方法。青海油田对主题教育进行再部署、再动员，再发力，组织第二轮宣讲与调研，宣讲 29 场次，走访近百个基层队站班组，总结宣传典型经验 30 余个，66 个三级单位通过视频听取宣讲并参与座谈讨论，2000 多人听取宣讲。以找问题破短板为突破口，青海油田领导班子成员和专业部门深入基层一线，到 65 个单位 123 个基层队站，征集意见建议 180 条。制订主题教育活动方案，安排部署提质增效专项行动 9 个方面 38 项具体措施，主题教育 4 个方面 20 项活动。开展领导调研，征集意见建议 180 条。11000 余名员工参与问卷调查，占员工总数的 65% 以上。广泛开展应对低油价"怎么看、怎么办、怎么干"主题大讨论活动 1500 多次，收集建议近 2000 条。撰写简报 25 期，集团公司采用 5 期。

升级"抓攻树"活动，创新开展 HSE+ 党建、安全监督哨等活动，完成党员立项攻关项目 52 个，创效近 800 万元。召开党建工作与生产经营深入融合经验交流会，形成"三合工作法"及"党组织强体、党员塑形、党员创效"三项创建活动、"高原气田特色党小组"等党建品牌。强化融合阵地建设，建成 17 个"党建室"和 65 个"党建活动园地"，员工群众依托党支部活动园地、技能大师工作室、青工孵化基地等平台开展创新创效、"五小"攻关，节约创效近 1500 余万。

【纪检工作】 2020 年，青海油田对照中央巡视反馈 10 类问题，结合集团公司党组巡视反馈 30 个问题及"不忘初心、牢记使命"主题教育检视的 10 个问题，组织三地纪检力量开展坚决制止餐饮浪费专项督查 36 场次，营造浪费可耻节约光荣的氛围，形成杜绝浪费厉行节约的自觉。深入花土沟、格尔木、民和县、门源县等扶贫点开展扶贫领域腐败风险和作风问题督导检查，助力脱贫攻坚任务完成。推动党中央重大决策部署落实落地。

组织 300 余名领导干部和关键岗位人员观看《不忘初心 警钟长鸣》警示教育片；组织参观油田"两厅"2740 人次，让党员干部守初心、知敬畏；组织 1.36 万人次参与党风廉政建设知识微信答题、1.57 万人次参加政务处分法微信答题。纪委书记、派驻纪检组组长讲党课 16 次，将集团公司典型案例通报、油田经商办企业和违法犯罪案例等作为警示教育重点。组织 3 次纪检干部廉洁家访，了解"八小时以外"的廉洁自律情况。开展"六个一"任前廉洁教育 29 人次，党风廉政意见回复 67 批次，涉及 346 个集体、1113 人次。

围绕新冠肺炎疫情防控、主题教育、QHSE 问题整改等重大事项，开展各类监督检查 322 次，发现问题 210 个，针对工作开展不严细、责任履行不到位、问题整改不认真等典型问题，在检查过程中督促立行立改，下发监督建议书 24 份，通报 14 件次、问责 144 人。加强专业培训、强化理论积累，举办业务大讲堂 4 期、培训 189 人次，举办巡察干部培训班 2 期、培训 74 人次，着力提升纪检、巡察队伍业务素质。加强政治训练，强化实践锻炼。抽调 6 名纪检干部以案代训，选派 18 名业务骨干以巡代训，选送 1 名年轻干部参加纪检监察组六中心实践锻炼，选派 3 名处科级干部参加集团公司党组巡视，授权派驻纪检组查办案件 28 件。

【企业文化建设】 2020 年，青海油田组织新华社、中新社及《青海日报》等多家外媒记者开展"新春走基层"采访、"五一劳动节"直播、"昆仑山下采气人"主题直播活动，直播客户端点击量累计突破 50 余万次，中新网、凤凰网、微博等平台及海外推特、脸书等账号同步转播观看累计达到 50 万次。组织开展科技成果展示宣传、提质增效专题采访、冬季保供主题宣传、企业形象提升周活动，对外宣传发稿 400 条，集团公司门户投稿 1075 条，集团公司各单位排名第二。

深入基层单位、生产一线、野外队站开展"形势目标任务责任"主题教育活动，围绕十九届五中全会精神、集团公司工作会、油田两会精神以及提质增效专项行动，分四批组织主题教育巡回宣讲 110 场次，走访 132 个基层队站班组，座谈 38 场次，通过手机短信发送解读信息 31 万余条，通过微信和石油党建平台开展答题累计 20000 余人次，实现油田全覆盖。网络推送宣传引导信息 400 余次，正面转发评论 16 万次。

2019 年 12 月 18 日，国务院国资委在北京发布中央企业工业文化遗产名录，冷湖地中四井等 15 项石油石化行业文化遗产入选名录。2020 年，集团公司开展首届工业文化遗产申报，评出 29 项物质文化遗产和非物质文化遗产。11 月 20 日，经专家项目组现场验收，冷湖地中四井通过验收。

【惠民工程】 2020 年，青海油田推进"三供一业"清算鉴证和维修改造收尾，强化基地职工餐厅、菜篮子等民生工程，矿区环境容貌秩序实行常态化管理。推进"关爱生命，守护健康"等有关措施，实现非职业健康体检一年一次，三大基地实现定点药店医院刷卡实时结算。积极争取青海省政策支持，完成 2019 户老旧住宅小区窗户更换和外墙保温改造。组建成立海西州青海油田社会事务服务中心，清理规范统筹外项目，维护退休人员切身利益，退休人员社会化管理平稳有序。协调宝石花物业解决 80 名油田子女就业问题。"小劳保"实现电商采购发放，员工采购生活用品更加便捷。

（辛 利）

中国石油天然气股份有限公司
华北油田分公司
（华北石油管理局有限公司）

【概况】 中国石油天然气股份有限公司华北油田分公司（华北石油管理局有限公司）简称华北油田，隶属中国石油天然气股份有限公司和中国石油天然气集团公司，是一家以常规油气勘探开发为主，同时拥有煤层气、储气库、燃气以及生产服务、矿区和社会服务等业务的地区分公司。前身为 1976 年 1 月成立的华北石油会战指挥部，总部位于河北省任丘市，油气勘探区域主要集中在渤海湾盆地冀中坳陷、内蒙古二连盆地、巴彦河套盆地和山西沁水盆地四大探区。截至 2020 年底，华北油田资产总额为 554.75 亿元，净资产 419.45 亿元；累计探明石油地质储量 14.82 亿吨、天然气地质储量 374.33 亿立方米、煤层气地质储量 2833.13 亿立方米；累计生产原油 2.91 亿吨、天然气 135.19 亿立方米、煤层气 87.33 亿立方米；累计工业总产值（现价）3414.63 亿元。2020 年底，华北油田设机关职能部门 14 个，直属单位 8 个，直管单位 3 个，二级单位 36 个。员工 2.8 万人，其中：管理人员 6932 人，专业技术人员 4628 人，技能操作人员 15987 人；研究生及以上学历人员 738 人，大学文化程度人员 16996 人。

2020 年，华北油田新增探明、控制、预测石油地质储量 3444 万吨、1515 万吨和 5344 万吨；生产原油 416 万吨、天然气 3.19 亿立方米、煤层气 12.57 亿立方米；收入 179.11 亿元、利润 -15.96 亿元、上缴税费 15.14 亿元（表 2-10）。
【"十三五"回顾】 "十三五"期间，华北油田坚持稳中求进工作总基调，统筹推进改革发展稳定各项事业，全面完成各年度生产经营任务。坚持优化业务布局，规模实力不断增强。"主营突出、多元互补"的产业格局日益完善，油田

表 2-10 华北油田主要生产经营指标

指　　标	2020 年	2019 年	2018 年	2017 年	2016 年
原油产量（万吨）	416	413	407.20	403.10	410.96
天然气产量（亿立方米）	3.19	3.19	3.25	2.40	2.07
煤层气产量（亿立方米）	12.57	11.41	10.35	9.0	8.77
新增原油产能（万吨）	60.22	97.86	70	56.01	47.82
新增天然气产能（亿立方米）	0.51	0.8	1.0	1.0	0.8
新增煤层气产能（亿立方米）	2.94	3.23	1.7	2.3	0.49
新增探明石油地质储量（万吨）	3443.65	3732.72	2782.23	3136.03	2554.06
新增探明天然气地质储量（亿立方米）	0	0	60.95	0	37.59
新增探明煤层气地质储量（亿立方米）	189.03	235.89	122.02	104.8	116.59
二维地震（千米）	879	758	1475	1518	640
三维地震（平方千米）	293	1260	654	704	655
探井（口）	103	124	120	132	96
开发井（口）	358	608	578	662	199
钻井进尺（万米）	107.88	158.5	138.1	140.0	73.72
勘探投资（亿元）	12.79	21.16	18.47	20.34	13.72
开发投资（亿元）	32.79	52.46	40.16	40.34	28.48
资产总额（亿元）	554.75	577.14	572.23	530.99	529.9
收入（亿元）	179.11	229.69	231.33	177.39	145.12
利润（亿元）	-15.96	10.17	16.35	-18.2	-37.02
税费（亿元）	15.14	27.56	29.54	22.39	12.92

核心竞争优势持续巩固，业绩考核位居集团公司上游板块前列。累计生产原油 2050 万吨、天然气 14.1 亿立方米、煤层气 52 亿立方米，收入 1407.3 亿元，上缴税费 120.4 亿元。坚持掌控优质资源，勘探开发成果显著。巴彦河套盆地探明整装储量并建成吉兰泰油田，冀中和二连老区形成一个亿吨级、两个五千万吨级和三个三千万吨级规模储量区，杨税务超深潜山气藏整体探明天然气地质储量 115 亿立方米，富油区带整体再评价经验做法在股份公司全面推广。累计新增三级储量 6.29 亿吨、新建产能 347 万吨，储量替换率连续 10 年大于 1，自

然递减、综合递减稳中有降。坚持抢占外部市场，发展空间有效拓展。燃气业务遍布全国 13 个省（自治区、直辖市），居民用户突破 60 万户。地热业务形成"一区五县"市场布局，供热面积 180 万平方米。对外合作业务巩固长庆、海南等国内市场，拓展中东、非洲、南美等海外市场，外闯市场人员 3500 人，"人多油少"的矛盾有效缓解。坚持深化改革创新，动力活力显著提升。全面移交"三供一业"、市政、社区等企业办社会职能，建立完善以事业部为经营主体的管控模式，累计压减整合二级机构 27 个、三级机构 404 个。着力抓好科研体制完善和重大科技攻关，累计获省部级以上科技奖励 77 项、授权专利 688 件，制定发布行业标准 15 项，形成具有华北油田特色的技术体系。坚持加强安全环保，发展根基巩固夯实。冀中地区实现钻井液不落地全覆盖，油气生产综合能耗始终低于股份公司平均水平，第五采油厂进入国家绿色矿山名录库，华北油田连续 11 年被评为集团公司安全环保先进单位。坚持员工至上理念，企业大局和谐稳定。累计改善住房 1.66 万套，发放公积金贷款 24.88 亿元，帮扶救助困难家庭 6.94 万户次，发放慰问金、救助金 1.31 亿元，发展成果更多惠及员工群众。坚持全面从严治党，政治优势充分发挥。"大党建"工作格局日益完善，引领保障企业发展能力显著增强，华北油田连续获评全国文明单位。

【油气勘探开发】 2020 年，华北油田注重资源掌控，稳产能力不断增强。预探评价多点突破，巴彦河套盆地临河坳陷兴隆构造带临华 1X 井、兴华 1 井分获 305 立方米和 274 立方米高产油流，开辟规模增储新战场；杨税务潜山天然气勘探获新突破，安探 401X 井获日产原油 12.96 立方米、天然气 52.54 万立方米高产油气流；富油区带整体再评价在束鹿西斜坡、乌里雅斯太、阿南洼槽等取得新进展，老区资源基础不断夯实。开发生产稳定向好，突出效益建产，新建原油产能 60.22 万吨；加大老油田综合治理力度，抓好注水专项、长停井恢复、深部调驱等工作，措施有效率提高 2.2 个百分点，累计增油 26.2 万吨；强化生产组织，综合平衡产、运、销、储，加快实施工程建设，及时解决工农问题，确保油气生产踏线运行。

【增气战略】 2020 年，华北油田注重规模效益，增气战略加速推进。煤层气业务盘活老区、拓展新区，加快产能建设节奏，全年探明石油地质储量 189 亿立方米。常规天然气业务（含苏 75 合作区块）生产运行保持平稳，累计生产天然气近 11 亿立方米。储气库业务科学注采运行，三大储气库群累计注气 21.4 亿立方米、采气 17.7 亿立方米。燃气业务新开发城乡用户 9.2 万户，正式承接长庆乙烷销售业务，形成新的经济增长点。

【市场开拓】 2020 年，华北油田注重开放合作，市场空间不断拓展。生产服务保障能力持续增强，"水电讯"运行平稳，物资供应、消防安全、道路修建等服务及时高效。外闯市场业务以技术服务为切入点，带动辅助业务规模不断提升，新拓展浙江油田、南方公司和长庆油田市场领域，新获西非乍得和中东阿联酋技术服务项目，整体创收 5.4 亿元。地热业务"一区五县"市场加速落实，联合中标雄安新区供暖项目，任丘、霸州等地热项目加快建设，形成供暖能力283 万平方米。

【经营管理】 2020 年，华北油田注重综合施策，提质增效成果丰硕。突出控投求效，坚持效益标准，严控投资规模，严格立项评估，严抓考核评价，投资完成率 95% 以上。突出降本增效，落实预算成本倒逼机制，严格控制"五项"费用和非生产性支出，深入推进资产瘦身减负，原油完全成本、单位操作成本实现硬下降。突出挖潜创效，推进难采区块合作开发，加大闲置资产调剂利用力度，扩大集中采购、集约招标规模，优化油气销售运行、加大推价力度，落实减免社保支出及援企稳岗补贴优惠政策，累计节支增收 7.5 亿元。突出合规保效，召开依法合规专题会议通报典型案例，着力抓好重点领域、关键环节审计和特殊资金监管，持续加强合同和市场管理，取消不合格"三商" 42 家，堵塞管理漏洞，维护企业利益，为提质增效保驾护航。

【改革创新】 2020 年，华北油田注重稳准实施，改革创新持续深化。重点改革纵深推进，制订业务归核化发展方案，指导第五采油厂开展辅助业务专业化重组，深化巴彦勘探开发分公司"两新、两高"模式建设，全年优化整合二级、三级机构 53 个；加快企业瘦身健体，按时完成涉及天津、河北、内蒙古 15 个地市 6.4 万人的退休人员社会化管理工作；实行工效挂钩和差异化考核，绩效工资随效益联动的激励约束机制更加完善。科技创新成果显著，加大瓶颈技术攻关力度，在新区高效勘探、富油区带整体再评价、煤层气高效增产等方面发展完善 4 项理论认识、攻关形成 12 项标志性创新成果；加强油田信息化建设，油气生产物联网系统数字化率 73%，127 个科研项目实现上云，科技支撑能力进一步提升。

【安全环保】 2020 年，华北油田注重科学精准，疫情防控和安全环保态势平稳。坚持外防输入、内防反弹，统筹抓好战时应对、复工复产和常态化防控工作，持续加强重点场所、重点人群管控，牢牢守住"零疫情""零感染"底线。坚持从严监管、从严防控，完成以内部自审为主的体系审核，全年整改发现问题 1529 个；分级分类整改生态环保排查发现问题 120 项，按期完成雄安新区高59 区块 18 口井的退出任务，第一采油厂、第四采油厂通过国家级绿色矿山创建验收；推进质量监管，开展井筒质量监督 1253 井次，完成产品质量监督 185

批次，质量安全环保根基逐步夯实。

【和谐稳定】 2020 年，华北油田注重发展惠民，油田矿区和谐稳定。推进改善房建设，完成第五批改善房选房工作，万达春溪渡、创业家园 F 区改善房及华美育才小区棚改项目加快推进。全力办好惠民实事，实现参保人员跨省异地就医直接结算，推进多种常用药品价格下降 70%，走访慰问生活困难家庭 5000 户、发放救助金 3400 余万元。落实维稳安保责任，坚持和发展新时代"枫桥经验"，畅通"四位一体"诉求表达渠道，严厉打击涉油违法犯罪，完成全国"两会"、党的十九届五中全会等重点敏感时期维稳信访安保防恐任务，两次获集团公司嘉勉。

【企业党建工作】 2020 年，华北油田制定实施学习贯彻习近平总书记重要指示批示精神落实机制，持续做好选人用人工作，推进干部年轻化，选拔中层干部 52 人、调整 77 人，组织 100 多名机关、基层干部双向交流，促进干部队伍结构优化和综合素质提升。高质量整改集团公司党组巡视及"回头看"发现问题，扎实开展"四风"纠治和四个专项治理，全面加强"三不"机制建设深入开展"战严冬、转观念、勇担当、上台阶"主题教育，不断深化企业文化理念实践，积极谋划新时期共青团和青年工作，创新组织主题劳动竞赛和岗位创效活动，大力弘扬劳模精神、劳动精神、工匠精神，凝聚推动改革发展的强大合力。

（杨　英　葛志军）

中国石油天然气股份有限公司
吐哈油田分公司
（新疆吐哈石油勘探开发有限公司）

【概况】 中国石油天然气股份有限公司吐哈油田分公司（新疆吐哈石油勘探开发有限公司）简称吐哈油田，是集油气勘探与生产、石油工程技术服务、矿区后勤服务等多种业务于一体，跨国、跨地区经营的大型石油企业，前身为 1991 年 2 月成立的吐哈石油勘探开发会战指挥部，总部位于新疆鄯善县火车站镇。

主要从事油气勘探开发、科研服务、油田建设、水电讯保障、机械制造、物资采购等业务。吐哈油田勘探领域包括吐哈、三塘湖、准噶尔、民和、银额、总口子 6 个中小盆地，分布在新疆、内蒙古、甘肃和青海 4 省（自治区），登记 17 个探矿权区块，探矿权面积 4.14 万平方千米。2020 年底，有机关职能部门 13 个、直属机构 6 个、二级单位 20 个（含医院），用工总量 9350 人，其中合同化员工 7497 人、市场化用工 1853 人。累计探明石油地质储量 59305.35 万吨（含凝析油），探明天然气地质储量 1176.31 亿立方米（含溶解气）；累计生产原油 6127.03 万吨、天然气 253.68 亿立方米；上市业务资产总计 118.83 亿元，未上市业务资产总计 28.49 亿元。

2020 年，吐哈油田坚持稳健发展方针，围绕提质增效工作主线，深化改革创新，强化扭亏攻坚，统筹推进党的建设、增储上产、提质增效、深化改革各项工作，安全环保生产平稳受控，完成年度各项指标任务。新增探明石油地质储量 543.76 万吨、预测石油地质储量 3373 万吨，新增探明天然气地质储量 2.18 亿立方米，新增 SEC 油气证实储量 59.5 万吨；生产原油 157 万吨、天然气 3.16 亿立方米。上市业务结算油价 40.6 美元 / 桶，收入 39.93 亿元、利润 –27.61 亿元，完成考核指标；桶油单位完全成本 67.27 美元 / 桶、油气单位操作成本 22 美元 / 桶，分别较考核指标下降 0.54 美元 / 桶和 0.34 美元 / 桶；未上市业务收入 19.35 亿元，利润 –1.66 亿元，较考核指标减亏 0.18 亿元（表 2–11）。

【"十三五"回顾】"十三五"期间，吐哈油田持续创新工作方式，政治文化优势充分发挥。建立系统化明责、清单化定责、精细化履责、多元化考责、严肃化问责的"五化"党建工作责任制，形成"大党建"工作格局，8 个党组织、21 名党员获省部级以上党内表彰、8 人次获省部级以上劳动模范、开发建设新疆奖章等。强化党风廉政建设和反腐败工作，推进全面从严治党向纵深发展。加强宣传思想文化和群团统战工作，深化形势任务教育，推进媒体融合升级，创新思想政治工作方法，筑牢全体干部员工共同奋斗思想基础。

推进瓶颈技术攻关，明确勘探突破方向和稳产技术路线。深化地质认识和地震成像技术研究，探索新领域、扩展新层系、寻找新类型，发现石炭系天然气、芦草沟组页岩油、煤层气等勘探新领域，迈出吐哈前侏罗系深层大型岩性油藏、胜北洼陷岩性油气藏的勘探步伐。推进提速提效技术攻关、提高采收率机理研究和现场试验，实现二叠系超深稠油、页岩油、火山岩等油藏规模建产，鲁克沁深层稠油"二三结合"开发方式日趋配套，页岩油和火山岩油藏以井组为单元的"渗析＋驱替"开发技术逐步完善，吐哈稀油减氧空气泡沫驱在玉果油田获成功。

表2-11　吐哈油田主要生产经营指标

指　标		2020年	2019年	2018年	2017年	2016年
原油产量（万吨）		157	165	185	190	200
天然气产量（亿立方米）		3.16	4.04	5.02	6	7.25
新增原油生产能力（万吨）		17.76	23.03	40.93	48.48	30.48
新增天然气生产能力（亿立方米）		0.2	0.06	0.56	0.5	1
新增探明石油地质储量（万吨）		543.76	149.32	1950.61	1598.63	2120.7
新增探明天然气地质储量（亿立方米）		2.18	—	—	—	—
二维地震（千米）		272	730.7	200		1509
三维地震（平方千米）		38.04	473.4	200	345	
完成钻井（口）		107	247	305	266	244
钻井进尺（万米）		36.43	68.36	82.22	76.25	74.91
勘探投资（亿元）		7.68	9.82	7.44	7.53	9.44
开发投资（亿元）		12.21	22.09	27.66	28.33	23.79
资产总额（亿元）	上市	118.83	132.19	158.75	177.37	179.71
	未上市	28.49	31.75	37.76	36.87	41.22
收入（亿元）	上市	39.93	59.8	70.51	57.7	46.93
	未上市	19.35	25.92	33.02	31.01	29.33
利润（亿元）	上市	−27.61	−56.44	−23.22	−18.02	−27.59
	未上市	−1.66	−3.1	−0.71	−6.31	−7.99
税费（亿元）	上市	3.56	7.29	11.23	5.17	3.02
	未上市	2.23	3.09	3.32	3.35	4.02

全方位挖掘降本增效潜力，缓解低油价和产量下跌带来的经营压力。构建完善工程服务市场化、井筒设计实用化、钻修动力电驱化、地面建设集约化的投资管控模式，百万吨原油产能建设投资上升势头得到控制；形成生产全过程优化、集中采购打包招标、外包劳务费用严控、措施成本与当期油价联动等成

本管控成熟做法，连年完成集团公司效益考核指标；完成资产减值、报废 84 亿元，折旧折耗总额下降 13.5%；做好原油混掺和价差增效、油气副产品增效等工作，累计增效 15 亿元；外部及海外市场累计创效 2.7 亿元。

优化体制机制，推进"双百行动"综合改革和扩大经营自主权改革。重组整合三个采油厂、三个后勤单位和运输、机械制造等业务，全面完成剥离企业办社会任务；建立由身份管理向岗位管理转变的用工机制；建成以 52 套信息系统为核心的"数字吐哈"；加强依法治企，确保各项决策和生产经营依法合规。

推进和谐建设，实施民生工程，营造良好的内外部发展环境。建设和维修鲁克沁职工公寓、哈密基地南区食堂、鄯善基地步行道等设施，建设多层电梯住宅，推进"三供一业"维修改造，开展石油基地美化亮化绿化工程。争取地方惠民政策，退休养老金、生育津贴、工伤伤残及工亡遗属抚恤金较"十二五"末分别增长 46.5%、90% 和 39%。帮扶困难群体 4623 人次、资助困难学生 388 人次、大病救助 107 人次。落实新时代党的治疆方略和新疆工作总目标，投入 6700 万元支持地方建设，做好南疆"访惠聚"工作，安保防恐信访维稳实现"三不出"。

【油气勘探】 2020 年，吐哈油田石油及天然气预探完成二维地震 272 千米、时频电磁 260 千米、Walkaway-VSP1 口（条 3408 井）、VSP 勘探 1 口（石钱 1 井）；三维地震 38.04 平方千米。完成预探井 19 口，完成钻井进尺 7.42 万米；油藏评价完成钻井 16 口，完成钻井进尺 5.03 万米；石油及天然气预探试油交井 20 口 26 层，新获工业油气井数 8 口，综合探井成功率 30.77%；油藏评价试油交井 10 口，新获工业油气井数 9 口，综合评价井成功率 90.91%。新增探明石油地质储量 543.76 万吨、可采储量 51 万吨。

突出高效勘探，立足吐哈—三塘湖、加快准东流转区、积极准备风险领域，强化地质认识创新与工程技术进步，持续推进勘探开发一体化与提质增效工程，油气勘探在多个领域获新发现。吉木萨尔芦草沟组页岩油上、下甜点均获工业油流，新增预测石油地质储量 3373 万吨，吉 28 块水平井体积压裂先导开发试验区实现 60 美元 / 桶油价下效益开发，具备 30 万吨规模建产的资源和技术条件；石钱滩凹陷石钱 1 井中途测试获 6.3 万立方米工业气流，首次在东疆石炭系海相砂砾岩获天然气工业突破，有望落实 300 亿立方米整装石炭系天然气储量；准东页岩油勘探突破、天然气勘探发现分获集团公司勘探重要成果一等奖和重要发现二等奖；沙奇凸起前缘具备 5000 万吨岩性油藏勘探潜力，石树沟凹陷拓展出亿吨级页岩油勘探新领域，地质工程一体化攻关发现胜北凹陷 136 亿立方米侏罗系岩性气藏勘探有利区，三塘湖马朗、条湖凹陷芦草沟和条湖组页岩油形成两个 3000 万吨储量叠合连片的新态势。吐哈盆地玉探 1 井、连 30 井揭示台北凹陷二叠系成熟烃源岩并发现稀油油藏，三塘湖盆地塘 1 井组煤层气排采 8 口井均获气流，明确吐哈—三塘湖盆地稀油及天然气高效勘探的主攻领域和方向。

【油气开发】 2020 年，吐哈油田生产原油 157 万吨、天然气 3.16 亿立方米。

油田开发在评价建产一体化、马 1 块页岩油开发试验、精细注水专项治理、非常规油藏转变开发方式等方面取得成效，新建原油产能 17.8 万吨，平均单井日产 10.2 吨，同比增加 2.4 吨，自然递减率控制到 21.6%，同比下降 0.7 个百分点。胜北 503H 井、胜北 505H 井获高产油气流，致密气评价取得关键突破；三塘湖马 L1–4H、马 T103H 等井获工业油流，页岩油评价成果进一步扩大，明确上产重点区块。严格落实井位三级审查、建立"一井一策"单井优化模板，红南 9 块、鲁克沁二叠系加密调整、三塘湖马 1 块页岩油等产能建设方案符合率提升到 83.9%，百万吨产能建设投资 52.5 亿元，同比减少 6.1 亿元，实现投资效益正向拉动。推进精细注水专项治理，油田分注率、欠注率、水质达标率等关键指标优于方案。创新开展天然气重力混相驱和战略储气库协同建设，葡北开发试验见到增产效果；鲁克沁减氧空气泡沫驱腐蚀、气窜治理技术进一步完善，采收率由 15% 提高到 25%。温吉桑储气库群设计库容量 55.9 亿立方米、工作气量 20.5 亿立方米，完成丘东气库先导试验，效果好于方案设计；温西一气库开工建设，计划 2022 年投产，2025 年库群全面投产。

【改革创新】 2020 年，吐哈油田遵循"专业化发展、市场化运作、精益化管理、一体化统筹"治企准则，持续深化改革，强化经营管理，提升效率效益，高质量发展内生动力不断增强。党的领导有机融入吐哈油田治理各环节，QHSE、内控、廉政建设等体系实现融合，完成"油公司"模式改革，吐鲁番、鲁克沁、鄯善和三塘湖 4 个新型采油管理区基本建成，成立油气生产服务中心，实现生产模式变革和用工方式转型；准东新区"管理＋技术＋第三方用工"试点效果显著，形成以甲方为主导的管理、研究、工程、现场"四位一体"管理模式；运输、机械制造等未上市业务专业化重组纵深推进，企业和领导人员岗位分级分类管理稳步实施。

【提质增效】 2020 年，吐哈油田强化全员效益意识，建立长效机制，细化责任落实，围绕勘探走出低谷、低成本开发、深化改革、降本增效等重点工作，制定 10 个方面 43 条措施，细化分解 133 项具体任务，对主要成本要素分类制定压降措施，"一井一策"优化产能建设方案设计，推进轻烃装置参数优化、老油田简化，开展大宗物资降价谈判，动态优化区块储量与资产，从紧控制管理费用，科学筹划财税政策，建立周碰头会、月度工作例会机制，全方位、全要素、全员、全过程挖掘生产经营潜力，实现提质增效 6.08 亿元。

【安全环保和疫情防控】 2020 年，吐哈油田深化 QHSE 体系建设，推进基层队站标准化建设、全员 HSE 履职能力评估考核、风险识别培训，增强员工"懂标准、知风险、会操作"的综合能力。启动安全生产专项整治三年行动计划，落实高危作业区域安全生产"区长"制、全员安全生产记分管理等制度，扎实推进"大反思、大排查、大整改"活动，建立健全隐患问题和制度措施"两个清单"，开展井控安全、大型压裂施工等 5 个专业领域风险整治，多方位联合推进风险隐患排查治理，强化重大风险领域应急实战演练，颁布油田 HSE 禁令，落实承包商考核末位淘汰，生产形势平稳受控，连续 17 年实现安全环保生产。推进绿色矿山建设，推广地面和井筒清洁生产作业技术，完成历史遗留的低含油危险废弃物治理，吐鲁番采油管理区所属 4 个油田通过新疆维吾尔自治区绿色矿山验收，进入国家绿色矿山名录。开展质量计量和节能节水工作，能源消耗总量逐年下降，实现节能 0.41 万吨标准煤、节水 9.1 万立方米。统筹推进新冠肺炎疫情防控和复工复产，与地方政府建立联防联控机制，哈密、鄯善、吉木萨尔三个疫情防控指挥部严格落实"早发现、早报告、早隔离、早治疗""统一健康筛查、统一岗位管理、统一安排分餐、统一封闭管理、统一住宿管理""发热门诊预警机制、环境监测预警机制、环境消杀预警机制、冷链食品邮件物流监测预警机制、交通运输人和物的监测预警机制、重点人群核酸检测预警机制、人员不聚集监督管理预警机制、健康码的运用预警机制"要求，压紧压实属地、行业、单位、个人四方责任，将疫情对生产经营的影响降到最低，油区实现"零疫情、零感染"。

【科技攻关】 2020 年，吐哈油田投入科研经费 6860 万元，组织实施科技攻关项目 42 项，获集团公司科学技术进步奖 2 项、省部级成果 4 项，获国家发明专利 3 件、实用新型专利 66 件。叠合型盆地油气成藏勘探理论研究进一步深化，老区稀油以注气为主的提高采收率技术路线基本明确，三塘湖非常规油藏创新形成井组"渗析 + 驱替"技术，马北稠油探索试验水平井 + 化学降黏技术见到良好效果，准东吉木萨尔页岩油低成本钻井及储层改造技术走在同行前列。三塘湖采油管理区、吐鲁番玉果油田、鲁克沁玉东 204 区块实现集中监控、无人值守、故障巡检，有效减少用工总量，降低劳动强度，提高生产效率；集团公司 A1、A2 等统建系统实现互联互通、数据共享，以 ERP 应用集成、共享财务为核心的经营管理信息系统不断完善，工作效率大幅提升。

【企业党建工作】 2020 年，吐哈油田围绕重大项目、重点工程和生产难点，开展党员先锋队、"点区岗"创建等活动，在融入中心中体现守初心、担使命的思想自觉和行动自觉。深化"战严冬、转观念、勇担当、上台阶"主题教育活动，开展层层宣讲和"吐哈怎么办"大讨论，凝聚全员迎战低油价"大考"的智慧力量。开展"党建巩固深化年"专项行动，压实全面从严治党责任，构建干部担当作为的激励约束机制，狠抓基层党建"三基本"（基本组织、基本队伍、基本制度）建设，保持反腐败工作高压态势，持之以恒纠治"四风"，开展两轮巡察，一体推进不敢腐、不能腐、不想腐，党建质量不断提升，活力进一步增强。

（朱晓龙　李艳蓉）

中国石油天然气股份有限公司
冀东油田分公司

【概况】　中国石油天然气股份有限公司冀东油田分公司（简称冀东油田）成立于1988年4月，位于河北省唐山市。截至2020年底，有油气矿业权9个，总面积7058.71平方千米，集中在唐山市东南部（包括渤海湾海域部分）及秦皇岛东南部渤海海域。其中：探矿权1个，面积6290.12平方千米；采矿权8个，面积768.59平方千米；已投入开发高尚堡、柳赞、老爷庙、唐海、南堡5个油田。冀东油田主营业务包括石油、天然气、地热的勘探、开发、生产、销售、科研，以及油田工程技术、机械制造、电力通信、油田化学等业务；设10个机关处室、5个直属部门、21个二级单位（分公司），员工6011人（合同化员工4236人、市场化员工1775人）。

2020年，新增石油预测储量1642.58万吨、石油控制储量2453.98万吨、石油探明储量1963.63万吨。生产原油127.5万吨、天然气2.28亿立方米，油气当量145.7万吨（表2-12）。

【"十三五"回顾】　"十三五"以来，冀东油田经历储量接替的攻坚，油气稳产的跋涉，改革调整的洗礼，油价波动的挑战，新冠肺炎疫情的考验。面对异常艰难的内外部环境，坚持以习近平新时代中国特色社会主义思想为指导，坚决贯彻集团公司党组决策部署，坚持新发展理念和稳健发展方针，持续加强党的建设，聚焦主营业务，强化技术创新，稳准推进改革，狠抓提质增效，着力规范管理，努力改善民生，各方面工作取得了新成效。

表 2-12 冀东油田主要生产经营指标

指标	2020 年	2019 年	2018 年	2017 年	2016 年
原油产量（万吨）	127.5	137	130	136	135
天然气产量（亿立方米）	2.28	2.5	2.75	3.64	4.62
新增原油生产能力（万吨）	18	29.37	21.6	22.47	32.97
新增探明石油地质储量（万吨）	1963.63	2044	1227.9	1403	1108
三维地震（平方千米）	—	135	—	—	131
钻井（口）	156	191	123	112	165
钻井进尺（万米）	46.82	59.10	41.68	37.51	62.58
勘探投资（亿元）	5.1	4.8	4.19	5.64	7.02
开发投资（亿元）	17.06	26.16	20.05	13.46	20.62
资产总额（亿元）	143.39	165.82	223.3	228.37	230.28
收入（亿元）	35.48	52.41	54.1	45.66	38.00
利润（亿元）	−39.15	−18.25	−65.1	−16.90	−28.01
税费（亿元）	3.36	5.76	7.78	4.29	3.63

1. 党的建设

"两学一做"学习教育、"不忘初心、牢记使命"主题教育、"重塑良好形象"大讨论活动扎实推进，各级党组织和党员干部"四个意识"更加牢固、"四个自信"更加坚定、"两个维护"更加坚决。强化理论武装，意识形态责任制有效落实，石油精神和大庆精神铁人精神学习教育深入推进，增强了队伍"二次创业"斗志。严肃党内政治生活，自觉对标对表锤炼党性，坚决肃清周永康、蒋洁敏、廖永远、王永春等人流毒影响，政治生态持续净化。强化基层党建"三基本"建设（加强基本组织、基本队伍、基本制度建设），实现二级党组织书记现场述职评议全覆盖，党建工作责任制有效落实。严格落实中央八项规定精神，持续纠治"四风"（形式主义、官僚主义、享乐主义和奢靡之风），改进机关作风，切实为基层松绑减负。从严从实整改集团公司党组巡视反馈问题，建立完善一系列立长远、管根本的体制机制。内部巡察实现全覆盖，深化运用

"四种形态"（第一种：党内关系正常化，批评和自我批评经常开展。第二种：党纪轻处分和组织处理成为大多数。第三种：对严重违纪的重处分、作出重大职务调整的应当是少数。第四种：严重违纪、涉嫌违法立案审查的只能是极少数。），发挥巡察监督震慑、遏制、治本作用。工会、共青团组织动员员工建功立业，深入开展群众性生产经营活动，"桥梁""纽带"作用更加彰显，激发全员为油拼搏奋进的热情。

2. 资源勘探

深入贯彻落实习近平总书记关于大力提升国内油气勘探开发力度的重要指示批示精神，强力实施"立足南堡、进军外围、面向全区"勘探战略，坚持增储上产、地质工程、科研生产、部署实施"四个一体化"，突出强化勘探程度相对较低的中深层，有针对性地开展中浅层精细勘探与滚动评价，积极推进天然气勘探，全面准备低渗透、非常规油气资源及地热资源，夯实资源基础。累计增加探明石油地质储量 7746.4 万吨，完成冀东油田内部考核指标的 110.7%。3 项油气勘探成果获集团公司油气勘探重大发现奖。地热资源评价与利用取得新成效，冀东油区发育 5 个地热异常带，总资源量折合标准煤 70 亿吨（2.05 亿兆焦耳），可采资源量折合标准煤 10.8 亿吨（0.32 亿兆焦耳），地热供暖面积达到336 万平方米。

3. 油气开发

累计生产油气当量 793.3 万吨（原油 667.5 万吨、天然气 15.8 亿立方米）。主要开发指标稳中向好，水驱储量控制程度、水驱储量动用程度分别达到71.6%、56.2%，比"十二五"末期分别提高 13.5 个百分点、18 个百分点。自然递减率、综合递减率分别降至 21.2%、12.4%，比"十二五"末期分别降低5.8 个百分点、3.6 个百分点。采收率 21.5%，比"十二五"末期提高 1.3 个百分点。生产系统效率持续提升，油井、水井开井率分别达到 80.9%、80.6%，比"十二五"末期分别提高 12.2 个百分点、8.1 个百分点。采油时率 97.3%，注水时率 95.4%，水质综合达标率 94.4%。持续推进地面系统优化简化，强化管道和站场完整性管理，管道失效率降至 0.056 次 / 千米·年，五年降幅 82.9%。

4. 科技创新

获省部级以上科学技术进步奖 21 项，授权发明专利 32 项，软件著作权 40项，在核心期刊发表科研论文 118 篇；承担国家级科研项目 2 项、集团公司级科研项目 17 项，冀东油田设立重大、重点项目 29 项，各类子课题 256 项，评选冀东油田级科学技术进步奖 135 项。加强科技创新平台建设，自主创新手段和能力不断增强。获集团公司自主创新重要产品认定 7 项。职工创新工作室达

55 个。建成提高采收率地质实验中心。推进信息化建设，参与股份公司信息系统建设与深化应用，勘探开发"梦想云"试点建设等项目获得股份公司充分肯定。

5. 安全环保

深入学习贯彻习近平生态文明思想和关于安全生产的重要论述，全面推进 QHSE 管理体系建设，建立健全安全环保责任体系，开展风险分级管控和隐患排查治理双重预防机制建设，狠抓全员 QHSE 履职能力提升工作。落实安全生产专项整治三年行动计划，稳步推进"绿色矿山"创建工作。推进重点领域隐患治理，深入开展"低标准、老毛病、坏习惯"专项整治，工业污染源产生的废水、废气和固体废弃物排放全面达标，COD（化学需氧量）、氨氮、二氧化硫、氮氧化物等排放量均低于控制指标。

6. 精细管理

累计实现账面营业收入 194.15 亿元、税费 21.99 亿元，较集团公司预算控亏指标减亏 10.57 亿元。资产轻量化效果显著，以减值、报废、处置等方式降低资产规模 96.97 亿元，资产总额降至 143.39 亿元，其中，油气资产降至 59.56 亿元，比"十二五"末期分别降低 43.58%、60.19%。资产结构与产量规模总体渐趋合理，吨油当量资产降至 10067 元，比"十二五"末期降低 9.7%。开展开源节流、降本增效和提质增效专项行动，投资回报率、EVA（经济附加值）等指标持续改善，均超额完成集团公司年度考核（调整）目标。开展"强化合规管理年""制度学习周"等活动，合规意识不断增强，工作质量与效率相应提高。

7. 法人企业发展

产业结构持续优化，优势产品研发力度不断加大，市场竞争能力持续增强，创新能力、发展实力迈上新台阶，经济增长质量和效益稳步提升，服务油田生产的保障能力不断增强，在勘探开发、生产建设、储运销售、保障员工利益等方面发挥有力的支撑作用。累计实现收入 74 亿元、创造经济效益 3 亿元。外拓市场力度持续加大，外部市场收入 19 亿元、占总收入的 25.7%。机械公司、瑞丰化工公司保持国家高新技术企业资质。

8. 深化改革

聚焦重点领域和关键环节，突出问题导向和稳准原则，推动改革走深走实。有序推进勘探开发一体化改革、油田开发"1+N"模式改革、科技创新体制机制改革、"三项制度"（劳动制度、人事制度、分配制度）改革、经营管理体制机制改革、两级机关机构改革、分离企业办社会职能改革、法人企业改革、安全环保监管改革和党建思想政治工作继承创新，呈现全面发力、多点突破、蹄疾步稳的良好态势，内生动力和发展活力不断增强。

9. 队伍建设

注重优化领导班子结构，加大干部交流、调整及优秀中青年干部培养选拔力度，提拔的 45 岁以下年轻干部比例达到 60%。推进"双序列"改革（建立"专业技术岗位序列"和"行政管理岗位序列"体系），选聘冀东油田首席技术专家 7 名、二级技术专家 8 名、一级工程师 18 名。建立博士后科研工作站，2 名博士进站工作。培养集团公司级技能专家 3 名，冀东油田技能专家、高级技师、技师 112 名。获集团公司技能竞赛集输、采气、井下作业、环境监测等专业团队一等奖、二等奖各 1 次，个人金牌 1 枚、银牌 6 枚、铜牌 10 枚。涌现河北省"能工巧匠" 3 人、唐山市"技术状元""金牌工人" 2 人。

10. 和谐稳定

持续深化"标准化管理、亲情化服务"，矿区配套功能日趋完善，改革发展成果不断惠及员工家属。"三供一业"（供水、供电、供热和物业管理）分离移交，医疗业务实行重组，社区服务水平、员工家属生活质量持续改善。开展金秋助学、扶贫帮困和重大疾病专项援助，累计实施精准帮扶 1427 户（次）、发放救助金 657.99 万元。全面做好带薪休假、健康体检、职业病防治等工作，畅通患病员工到大医院就诊的绿色通道，员工家属幸福感、满意度稳步提升。依法做好维稳信访和安保防恐工作，妥善处理不同群体合理诉求，员工队伍保持和谐稳定。积极推进企地共建、驻村帮扶、天然气供应保障等工作，助力地方经济发展，构建良好企地关系。

【油气勘探】　2020 年，冀东油田聚焦规模增储，重点领域勘探取得突破。"渤海湾盆地南堡凹陷和辽中凹陷油气勘探"成果获集团公司重大发现三等奖。

南堡 2 号构造中深层拓展勘探获得进展。南堡 280 区块增加"控制石油地质储量" 1619 万吨。南堡 2-56 井压裂试油，日产原油 14.94 立方米，首次突破南堡 2 号构造东二段工业油流关。

洼陷带中深层火山碎屑岩甩开勘探取得突破。南堡 2-27 井东三段两套层系压裂试油，均获高产油气流，增加"预测石油地质储量" 1643 万吨。

林雀次洼北斜坡深层火山碎屑岩评价工作取得成效。新井庙 13X6 井钻遇 31.2 米 /9 层厚油气层，新庙 1 井老井试油未经改造，获日产天然气 5 万立方米高产工业气流。

高北深层低渗储量深化评价取得认识，增加"探明石油地质储量" 1129.26 万吨。中浅层富油区带滚动勘探开发取得进展，提交"探明石油地质储量" 606.26 万吨。

秦皇岛新区评价再次获得突破，东升 402 井获日产原油 208.8 立方米、天然气 1.01 万立方米的高产；辽中凹陷北斜坡走滑断裂带增加"控制石油地质储量" 835 万吨。

页岩油领域持续探索，获得重要苗头。南堡 2–46 井压裂获日产油 21.87 立方米、天然气 1919 立方米；南堡 3–66 井压裂获日产原油 20.65 立方米。

【油气开发】 2020 年，冀东油田聚焦效益建产和老油田稳产，油气生产平稳运行，完成石油、天然气生产任务。

精心组织效益建产。加强精细地质研究，深化油气富集规律认识，评价优选实施目标区块 24 个，落实石油地质储量 1313 万吨。加强方案技术、经济一体化优化和单井设计，浅层单井日产量增加 1 吨。新建产能 18 万吨，当年生产原油 9 万吨。

稳步推进老油田稳产。推进以单砂体为单元的精细油藏描述，覆盖石油地质储量 7128.6 万吨。推进浅层特高含水油藏剩余油精准挖潜，增加原油产量 6.45 万吨。推进中深层油藏注采系统完善、注采结构调整，水驱储量控制程度、水驱储量动用程度分别同比提高 1.9 个百分点和 3.7 个百分点，自然递减率下降 1.4 个百分点。推进深层低渗透油藏压裂注水开发，压裂 71 口井，新动用低渗透石油储量 88.3 万吨。坚持长停井恢复与综合治理相结合，全年恢复 148 口井，增加原油产量 1.55 万吨，增加注水量 22.5 万立方米。

持续推进提高采收率工程。明确 3 个主力油藏技术路线，形成浅层强边底水油藏有效驱替构建技术，适应中深层高温油藏多尺寸颗粒 + 表面活性剂非均相化学驱油体系。开展 3 项提高采收率矿场试验，覆盖石油地质储量 155.8 万吨，可推广潜力 1.05 亿吨石油地质储量。

强化开发精细管理。优化产量结构，自然产量超计划 1.9 万吨。加强采油管理，检泵周期延长 27 天达到 801 天，机采系统效率同比提高 1.45 个百分点。加强水质管理，水质综合达标率、井口水质达标率分别同比提高 1.7 个百分点和 0.9 个百分点。加强井下作业管理，提高创新和价值创造能力，节约井下作业费用 2500 万元。加强地面集输系统管理，集输系统负荷率、密闭率、伴生气处理率不断提升。

【科技创新】 2020 年，冀东油田聚焦科技创新，发展动力不断增强。承担各级各类科技项目 118 项，投入经费 6360 万元，大力攻关勘探增储、开发稳产核心支撑技术。获省部级科技奖励 9 项，获软件著作权和授权发明专利 15 项。

油气勘探技术。中浅层低幅度构造识别、曲流河边滩砂体刻画、中深层富砂区预测、构造—岩性圈闭描述、地热评价与利用等特色技术日趋成熟。

油田开发技术。浅层天然水驱油藏水平井精准挖潜、调堵＋吞吐、二氧化碳腐蚀预测与防治，中深层注水开发油藏差异化调整、耐高温调驱与电缆测调，深层低渗透油藏井网缝网优化设计、不同井型分段压裂、高温增注等关键实用工艺技术持续完善。全面推广应用环境友好型钻井液体系及清洁作业、带压作业技术。地面系统大力推进"软件量油、单管集输、平台串 T 接、端部掺水"等技术应用，实现井场工艺简化、管网优化，布站模式更趋合理。

信息化建设。"智能化油田"顶层设计逐步完善，形成"统一数据体系、统一云平台、五大业务共享支撑中心、综合保障体系"整体架构。推进数据治理，数据质量明显提升，数据作用有效发挥。推进数字化建设，物联网建设成效明显，井站数字化率 92.5%。落实"集团公司统建＋自主配套"建设模式要求，提升自主研发能力，自主配套研发信息系统 13 个，有效支撑冀东油田生产经营平稳运行。

【安全环保】 2020 年，冀东油田聚焦安全环保风险防控和安全环保隐患治理，确保安全环保形势稳定。

健全 QHSE 责任体系，持续推进安全环保主体责任落实。严格执行生态环境保护重大事项议事制度，完善两级机关 QHSE 责任清单。开展"四查四强化"（查思想，强化思想观念转变；查管理，强化安全生产管理提升；查技术，强化技术能力建设；查纪律，强化工作作风转变）专项整顿行动，促进安全环保管理作风转变。

推进"双重预防机制"（安全风险分级管控和隐患排查治理）建设，重大安全环保风险受控。实施安全生产专项整治三年行动计划，开展油气生产、危险化学品、消防、交通和电力安全等专项整治。加大隐患治理力度，投入 1.2 亿元，治理安全环保重大隐患 32 项。严格承包商（队伍）监督管理，黄牌警告、停工整顿 26 家承包商（队伍），末位淘汰清退 24 家承包商（队伍）。修订"1+18"安全环保应急预案，开展实战化应急演练，提升应急处置能力。

加强环境保护管理，推进清洁生产。"绿色矿山"创建工作取得进展，南堡油田作业区通过专业公司验收，陆上油田作业区等 4 个试点单位达到股份公司创建标准。全面推广清洁作业技术，完成 33 台加热炉低氮改造，开展原油储罐、挥发性有机物治理、管道泄漏检测与修复。

全力做好新冠肺炎疫情防控工作，强化职业健康管理。坚决贯彻落实国家、地方政府和集团公司疫情防控措施，做好员工食堂、办公场所、生产现场、生活小区和人员流动管理，加大防疫物资保障力度，加强承包商单位管控，有序组织复工复产，冀东油田保持"零"疫情。开展职业卫生状况评估，专业检测131个职业危害场所，组织401名特殊工种人员进行职业健康体检。

强化安全环保基础管理，提升 QHSE 管理水平。出台 QHSE 管理体系建设提质升级三年实施方案，强化 QHSE 体系量化审核。稳步推进基层站队标准化建设，南堡联合站等21个基层单位达到 A1 级标准。

【经营管理】 2020年，冀东油田聚焦提质增效，经营状况总体稳健。账面营业收入35.48亿元，缴纳各类税费3.36亿元；按照预算口径，单位操作成本降至20.52美元/桶，同口径对比，同比下降0.97%。法人企业收入14亿元、利润2159万元。

成立提质增效专项行动工作领导小组，推进提质增效行动方案实施，明确10大类49项97条措施。从勘探开发、投资管控、增收节支、保障措施4个方面细化291项具体任务目标，落实到单位、部门和责任人。成立2个联合督导检查组，出台专项监督方案，拓宽专项审计范围，加大提质增效工作方案落实情况督查力度。

通过优化勘探开发方案部署、加大合同谈判力度、加强设备修旧利旧等措施，优化节约投资3.3亿元。通过严控维修费、优化措施工作量、严控外部委托支出等措施，减少各类支出3.85亿元，实现增收创效2.52亿元。坚持依法治企，强化合规管理，严密组织造价、审计、招标投标工作，节约资金支出。

【企业改革】 2020年，冀东油田聚焦"五化"（主营业务归核化、组织机构扁平化、辅助业务专业化、运行机制市场化、生产管理数字化）模式，深化改革稳步推进。

围绕价值创造，制订改革三年行动实施方案、业务归核化发展及价值提升方案、机构编制动态控制计划，统筹推进整体改革。推进组织机构扁平化，压减二级机构3个、三级机构12个。启动3个基层单位扩大经营自主权改革试点，控制用工、压减成本、提高效益预期效果初步显现。严控用工总量、盘活用工存量，开展挖潜和分流工作，显性化富余人员100%分流安置。深化绩效考核与薪酬分配制度改革，制定并实施《绩效考核管理办法》等5项制度，重构"基础+浮动"奖金考核体系，岗位收入差距合理拉开。推进机构和领导人员岗位分级分类管理，取消处级、科级机构规格使用和领导人员职级管理方式，建立与单位层级类别相适应的领导人员岗位体系。

【队伍建设】 2020年，冀东油田聚焦素质和能力提升，人才队伍建设持续强化。强化管理人才队伍建设。规范、完善干部选拔任用管理机制，制（修）订基层领导人员管理办法、中层领导人员选拔任用工作规范、竞争性选拔领导人员实施细则等制度，采取公开招聘、竞争上岗和内部推选方式，提拔任用中层领导人员28人，进一步使用18人次，其中，选拔任用45岁以下中层领导人员21人，中层领导人员占干部比例接近1/4，改善干部队伍结构。加大干部教育培训力度，提升领导干部引领发展和驾驭复杂局面的能力。

强化专业技术人才队伍建设。续聘、增补冀东油田二级技术专家4人、一级工程师2人，完成3个科研生产单位各层级岗位聘任工作。

强化操作技能人才队伍建设。开展高技能人才一线巡诊工作，冀东油田"采油技能专家工作室"被评为"河北省技能大师工作室"。组织30人开展以电工、电焊工等工种为主的强化培训，增强自主维修能力。举办井下作业、维修电工等6个工种技能竞赛，促进技能人才培养。参加集团公司首届一线生产创新大赛和油气集输工技能竞赛，获2枚银牌、3枚铜牌和优秀组织奖。参加第12届全国石油和化工行业职业技能竞赛化学检验员项目，获团队项目三等奖。3名员工、1个基层单位分别获河北省和集团公司劳动模范、先进集体称号。

【企业党建工作】 2020年，冀东油田健全完善党建责任体系，建立落实全面从严治党主体责任清单及党建核心要素等4个清单，梳理党群工作制度103项。

深化党的思想建设。高标准开展"战严冬、转观念、勇担当、上台阶"主题教育活动，深入组织党的十九届五中全会精神宣讲。深化精神文明创建工作，冀东油田获"中国企业文化建设优秀单位"称号，冀东油田及下属的勘探开发研究院等3个二级单位获河北省人民政府国有资产监督管理委员会"文明单位"称号。

提升基层党建工作质量。深入整顿软弱涣散的基层党组织，深化党支部达标晋级动态管理，评定"示范党支部"19个，基层党支部达标率99.5%。党建信息化平台得到广泛应用。开展党建理论研究和实践探索，1项成果获全国政研成果二等奖，5项成果获集团公司和河北省国有资产监督管理委员会表彰，3项成果获新时代中国石油党建思想政治工作优秀政研成果及创新案例。

推进党风廉政建设和反腐败斗争向纵深发展。实施"五责联动"（党委主体责任、纪委监督责任、党组织书记第一责任人责任、领导班子成员"一岗双责"、业务部门监管责任），推动"三不腐"（不敢腐、不能腐、不想腐）体制机制建设，深化巡察工作，强化正风肃纪，严肃监督执纪问责。严肃整改巡视反馈问题，针对集团公司党组巡视反馈指出的4个方面11类48个具体问题，制定123项整改措施，实行分兵把口、挂图作战、销项管理，整改率100%。

（刘东宇）

中国石油天然气股份有限公司
玉门油田分公司

【概况】 中国石油天然气股份有限公司玉门油田分公司（简称玉门油田）开发于 1939 年，是中国石油工业的摇篮，炼油工业的发祥地。开发建设 82 年来，玉门油田为国家提供大量的石油资源，承担国家石油石化工业"三大四出"的历史重任，为全国输送 10 多万产业工人和技术人才，积淀形成了以艰苦奋斗、三老四严、无私奉献为核心的玉门精神。玉门油田主要涵盖勘探开发、炼油化工、井下作业、水电供应、机械加工、建筑安装、综合服务、物资供应、通信、保卫消防等业务。先后投入开发老君庙、石油沟、鸭儿峡、白杨河、单北、青西、酒东、环庆 8 个油田，具有有效探矿权 6 个，矿权区块主要分布在河西走廊的酒泉、雅布赖和鄂尔多斯等盆地，面积 1.23 万平方千米。

2020 年底，玉门油田设 12 个机关职能部门、4 个直属机构，19 个二级单位。在册员工 10087 人。其中，在岗员工 7704 人（管理人员 1512 人，占员工总数的 19.6%；专业技术人员 1537 人，占员工总数的 20%；技能操作人员 4655 人，占员工总数的 60.4%）。资产总额 191.66 亿元，净值 90.13 亿元，净额 42.77 亿元。有各类设备 11383 台套，设备资产原值 59.24 亿元，净值 22.81 亿元，新度系数 0.39。

2020 年，玉门油田生产原油 49.02 万吨，新增原油生产能力 15.20 万吨，天然气产量 240 万立方米，原油加工量 200.62 万吨。新增探明石油地质储量 1402.37 万吨、预测石油地质储量 2106 万吨、SEC 储量 66.2 万吨。利润 -11.57 亿元，同比减亏 10.58 亿元。收入 114.38 亿元，上缴税费 37.09 亿元（表 2-13）。

2020 年，玉门油田被评为集团公司"十三五"统计工作先进单位、集团公司 2020 年度质量安全环保节能先进企业；玉门油田老君庙油矿作为甘肃省唯一一家、集团公司两家单位之一入选第四批国家工业遗产名单（核心物项包括老君庙一号井、老君庙四号井、老君庙油田展览室、玉门炼油厂遗址、西河坝窑洞）。玉门油田井下作业技能专家工作室获评甘肃省 2020 年"国家级技能大师工作室"；玉门油田炼油化工总厂化验分析监测中心获评 2019 年度全国"航

表 2-13　玉门油田主要生产经营指标

指　标	2020 年	2019 年	2018 年	2017 年	2016 年
原油产量（万吨）	49.02	45.19	41.00	40.00	38.00
天然气产量（万立方米）	240	219.4	452	433	581
新增原油生产能力（万吨）	15.20	18.06	15.01	12.71	11.00
新增探明石油地质储量（万吨）	1402.37	1110.22	—	—	—
三维地震（平方千米）	292	230	—	69.90	—
石油钻井（口）	245	317	60	61	52
钻井进尺（万米）	62.09	84.41	16.06	18.60	15.14
原油加工量（万吨）	200.62	190.89	201.01	200.93	175.12
收入（亿元）	114.38	120.21	135.69	120.87	93.65
利润（亿元）	-11.57	-22.15	-26.61	-10.84	-17.66
税费（亿元）	37.09	30.95	36.40	37.97	30.93

空煤油实验室能力验证优秀单位”；玉门油田职业技能鉴定中心被甘肃省授予"省级高技能人才培训基地"；玉门油田管道运维服务公司检维修作业队被评为2019 年度甘肃省"青年安全生产示范岗"；玉门油田炼油化工总厂"华玉林劳模创新工作室"被命名为"甘肃省示范性劳模创新工作室"。文盛获"全国劳动模范"、集团公司"特等劳动模范"称号；朱侠萍被评为"全国优秀工会工作者"。"玉门鄂尔多斯盆地环庆区块石油勘探取得重要成果"获集团公司 2020 年度油气勘探重大发现成果三等奖；"玉门油田重上百万吨勘探开发关键技术研究"获集团公司科学技术进步奖二等奖；"复杂地质条件地球物理关键技术研究与应用""老油田水驱提高采收率关键技术研究"获甘肃省科学技术进步奖三等奖。

【"十三五"回顾】"十三五"期间，玉门油田油气勘探累计新增探明储量 2839 万吨、控制储量 1481 万吨、预测储量 4817 万吨，较"十二五"分别增长 35%、51% 和 33%。油田开发原油年产量由 2016 年的 38 万吨增加到 2020 年的 49 万吨。炼化业务 2016 年实现扭亏为盈，甩掉连续 17 年亏损的帽子；累计实现净利润 9.3 亿元，较"十二五"增利 42.89 亿元；吨油利润对标排名位居板块第11 位。井下作业、管道运维、海外业务等立足内部市场增收，巩固传统市场，实现外部收入 23.05 亿元，由"十二五"末亏损 12.14 亿元转变为 2020 年盈利

3400 万元。

内部改革持续深化，完成机关"大部制"改革，"油公司"模式调整试点先行。下放财务、组织人事等管理权限，初步建立分级授权管理体系。压减二级机构 8 个、三级机构 91 个，分别下降 17.4%、21.1%，富余人员显性化 716 人，用工总量较"十二五"末减少 1903 人、下降 15.9%。

突出科技创新引领，开展 165 个项目攻关，累计获国家专利 63 项、甘肃省和集团公司级科技成果 10 项。炼化业务"高汽油收率低碳排放系列催化裂化催化剂工业应用"获 2017 年度国家科学技术进步奖二等奖，28 项技术应用后吨油利润板块排名由 2015 年的第 17 位前进到 2020 年的第 11 位。ERP 系统深化应用，酒东采油厂率先建成数字化油田，低成本物联网（A11）实现全覆盖，单井用工由"十二五"末的 1.48 人降低到目前的 1.06 人。

强化安全环保管理，完成 5 轮体系内外审核和 6674 项问题整改，建成 105 个 HSE 标准化队站，完成集团公司挂牌督办的 4 项隐患治理项目。退出 2871 平方千米涉自然保护区的矿权，关停涉保护区油井 76 口，玉门老区 3 个采油厂全部进入国家绿色矿山名录。推进合同能源管理，累计节能 4.3 万吨标准煤、节水 34.91 万立方米。

重大活动凝心聚力，筹办庆祝新中国成立 70 周年、改革开放 40 周年、油田开发建设 80 周年系列活动，召开第二次党代会，开展"源泉""央企楷模""铁人式的好干部"陈建军同志先进事迹宣讲，员工群众自豪感和凝聚力显著增强。

发展成果惠及民生，酒泉基地 8200 户员工群众拿到不动产房产证，22572 名员工持卡就医购药。开展各类困难群体帮扶，金秋助学、大病救助、助残慰问近 3.9 万人次。开展精准扶贫工作，累计投入 690 万元扶贫资金，选派驻村帮扶人员 11 人，助力 9 个贫困村全部脱贫摘帽。"十三五"期间上缴税费 167.66 亿元，较"十二五"增加 32.15 亿元。

【油气勘探】 2020 年，玉门油田油气勘探执行"深化酒泉、主攻环庆"勘探方针，新增探明石油地质储量 1402.37 万吨，新增预测石油地质储量、新增 SEC 储量超额完成计划。环庆区块实现快速增储上产，年生产能力达到 18 万吨；在侏罗系以及演武高地、甘陕古河发现多个油藏，长 6、长 7、长 8 区块都取得新进展。酒泉盆地立足鸭儿峡白垩系、窟窿山构造带及长沙岭下沟组 3 个富油区带开展精细研究，鸭儿峡白垩系 K_1g_1 油藏实现高效勘探，新增控制石油地质储量 504 万吨，成为重要建产区。

2020 年，酒泉盆地三维地震资料解释 476.2 平方千米（满覆盖面积），发现圈闭 11 个、面积 67 平方千米，落实圈闭 11 个、面积 56 平方千米，提供井位 10 口、采纳井位 6 口。鄂尔多斯盆地环庆区块二维测线地震资料解释 96 条 2229 千米，三维地震资料解释 680 平方千米（满覆盖面积），发现圈闭 63 个、面积 106 平方千米，落实圈闭 50 个、面积 84 平方千米，提供井位 58 口、采纳井位 41 口。

测井方面，首次在窿 111J 井应用最新研发的 MPAL-F 型远探测阵列声波仪，探测深度 100 米以上，为裂缝性储层评价提供依据。

【油田开发】　2020 年，玉门油田开发工作按照"玉门老区长期稳产和环庆区块快速上产"思路，开展达标建产、老油田稳产、注水专项治理、提质增效 4 项工程，生产原油 49.02 万吨，同比增加 3.83 万吨。全年完钻投产新井 238 口，新建产能 15.20 万吨，新井产油 7.3255 万吨。玉门老区持续推进老油田稳产工程，实现 40 万吨高水平高质量硬稳产；鸭西 K_1g_1 油藏继续向北、向东、向西三个方向滚动建产，部署扩边开发井 6 口，均获成功，新建产能 2.53 万吨，新井产油 1.56 万吨。环庆区块加快侏罗系油藏建产节奏，长 8 油藏择优建产，新建产能 4.5 万吨。

开展注水专项治理，全年实施注水治理主干工作量 519 井次，实施辅助工作量 3418 井次。浅层钻井提速提效，全面应用钻井总包、平台化布井、优化生产组织、一趟钻完井、钻井液循环利用，完成 39 口，钻井进尺 41946 米，井数同比增长 50%，钻井进尺增长 36%，周期减少 1.16 天。

【炼油化工】　2020 年，玉门油田加工原油 200.62 万吨，生产汽油 63.41 万吨，航空煤油 7.72 万吨，柴油 85.85 万吨，液化气 7.34 万吨，聚丙烯 3.37 万吨，石油焦 9.59 万吨。完成利润 233 万元，销售各类产品 191.07 万吨，销售收入 85.16 亿元。有生产装置 32 套，其中 250 万吨 / 年常减压蒸馏装置，80 万吨 / 年重油催化裂化装置，45 万吨 / 年催化重整装置，8 万吨 / 年苯抽提装置，8 万吨 / 年 C5、C6 异构化装置，50 万吨 / 年柴油加氢改质异构降凝装置，25 万吨 / 年航空煤油脱硫醇装置，40 万吨 / 年催化汽油加氢脱硫装置，70 万吨 / 年柴油加氢精制装置，2 万米³/ 时制氢装置，15 万吨 / 年轻汽油醚化装置，50 万吨 / 年延迟焦化装置，15 万吨 / 年气体分馏装置，15 万吨 / 年气体脱硫装置，10 万吨 / 年 C_3、H_2 回收装置，2.5 万吨 / 年 MTBE 装置，4 万吨 / 年聚丙烯装置，2000 吨 / 年液压油装置，1.5 万吨 / 年分子筛脱蜡装置，60 万吨 / 年酸性水汽提装置及 2 套 5000 吨 / 年硫黄回收装置，100 吨 / 时溶剂再生装置，瓦斯集输站，300 万吨 / 年水处理装置，动力系统，空气分离装置，油品装置，航空煤油洗槽站，储运装置，液态烃站 29 套装置在用；16 万吨 / 年汽油加氢脱硫装置、32 万吨 / 年 DS0-FCC 催化汽油加氢脱硫预分馏装置、2500 吨 / 年硫黄回收装置 3 套装置工艺停用。

2020 年，玉门油田完善炼化转型升级规划，形成"军品立厂、特色发展、分子炼油、效益优先"转型思路。微生物脱硫放大试验装置建设落地，实现柴油硫含量由 700 毫克 / 升降低至 10 毫克 / 升以下。HV12/H 舰用低温液压油、超低温液压油成功工业化试生产。

【工程技术】 2020 年，玉门油田井下作业钻修井工作量 1280 井次，其中钻井 46 口、钻井进尺 5.55 万米，大修 9 井次，试油 25 井次；完成压裂酸化 379 井次，射孔 538 井次，特车服务 5126 台班。收入 5.06 亿元，利润 868 万元，完成提质增效指标的 106%。

管道运维抓好新井投产、钻前工程、炼化保运工作，全年完成新井投产 47 口，钻前工程 46 口、炼油厂检维护 1091 项。承揽各类工程 28 项，其中跨年工程 5 项，新开工 23 项。环庆 19.3 万吨 / 年地面工程产能建设项目历时 138 天，有效工期 123 天，创造玉门油田产能建设历史最快水平。

机械制造全力开拓油田内外两个市场。内部市场加大抽油机安装、维修等工作量承揽力度，做好柔性复合高压输送管配送安装，提高油管清洗的生产效率。外部市场以大庆、长庆、青海、新疆等油田市场为重点，实施精准营销。开辟长庆油田市场，实施靠前快速服务；在新疆油田实现销售突破，签订 5 台 12 型超长冲程抽油机及配套产品合同；拓展青海油田产品销售，在超长冲程采油设备取得良好使用效果基础上，安装 38 台直驱抽油机，抽油杆订货 19 万米。

水电供应完成发电量 5.28 亿千瓦·时，其中（火电 4.64 亿千瓦·时，水电 6396 万千瓦·时）。供水量 985 万吨，供汽量 105 万吨。新建老君庙采油厂太阳能综合利用试点示范项目，装机容量为 887.04 千瓦，9 月 8 日正式开工，11 月 6 日并网进入试运行，11 月 16 日正式投运。

物资采购签订采购合同 1190 份，物资采购额 9.99 亿元，招议标率 95.69%；库存周转 16.67 次，期末库存余额 5319.56 万元，铁路专用线到货 7249 车、47.24 万吨，同比增长 51.36%；配送物资 1.57 万吨；阀门试压 4666 只、油井水泥混拌 6334 吨。集团公司采购产品质量抽检合格率 100%。巩固仓储服务市场，全年创收 301.40 万元。开拓压裂砂内外部市场，全年外部创收 941.1 万元。

【科技创新】 2020 年，玉门油田承担股份公司科技项目"玉门探区重点勘探领域综合研究与预探目标评价""酒泉盆地精细地质研究及勘探目标优选"，开展油田科研项目 31 项。6 月，新增 6 个油田提质增效补充科研项目。

加强知识产权宣贯指导，开展"推进知识产权高质量发展，加快建设知识产权强企""尊重知识，崇尚创新，诚信守法"主题宣传活动。申报与授权专利数量稳步增加，18 项专利获国家知识产权局的授权，其中发明专利授权 2 项，实用新型专利授权 13 项，计算机软件著作权 3 项。

【信息化建设】 2020 年，玉门油田全面推进实施低成本物联网（A11）项目，9 月实现老君庙采油厂、鸭儿峡采油作业区、酒东采油厂全覆盖，初步实现油田 1600 多口油水井、28 个站库系统数据的自动采集、生产实时监控、智能电子巡检。持续完善 A1 系统数据入库工作，探井上报率 90.89%，开发井上报率 81.33%，数据入库正确率 99.27%。深化应用勘探开发梦想云平台，持续推进数据湖建设和治理。加强 A6 系统协同研究及井位部署主题应用。新建会展中心 115、祁连宾馆、炼化总厂、水电厂、鸭儿峡采油厂 5 个视频会议系统。

【安全环保】 2020 年，玉门油田推进本质安全体系建设，开展疫情防控专项检查，加快生态环境历史遗留问题和重大环保隐患治理，推进绿色矿山建设，推动 QHSE 管理体系与综合管理体系融合，质量健康安全环保工作有序开展。

强化过程管理，石油炼化、石油机械等主导产品质量稳定提高；广泛开展群众性质量小组活动，3 项成果获集团公司三等奖，9 项成果获甘肃省质量管理优秀小组奖；组织开展全面质量管理专题培训，80 名基层骨干参加学习。

开展安全生产集中整治活动，12 个生产和后勤服务单位、35 个基层队站查摆问题 99 项。加强临时作业及非常规作业 HSE 监督检查，现场专项检查 7710 次，发现问题 7591 个，现场查处违章 302 项。量身定制油田安全生产宣传教育活动，开设《安全观察哨》报纸栏目，刊登新闻稿件 49 条、应急演练专版 2 个、地震防灾抗灾知识选登 13 期。

建立疫情防控信息快报机制，开展 3 轮疫情防控专项督察和复工复产专项检查工作，落实疫情常态化防控措施，始终保持"零疫情"良好态势；强化海外疫情防控措施落实，400 余名海外员工在连续坚守生产岗位 10 个月后实施有序轮换，实现"零报告""零感染"管控目标。

开展绿色矿山建设和清洁文明生产活动，推广应用高效开发技术和清洁生产技术 16 项，消除环境隐患 21 个；12 月，酒东、鸭儿峡采油厂通过国家自然资源部公示，提前 3 年进入国家级绿色矿山名录。

【经营管理】 2020 年，玉门油田按照提质增效"三保、四提、五压"总目标，围绕油田勘探开发、炼油化工等重点建设项目，完成投资 19.37 亿元。

实行"效益倒逼"机制，加快扭亏脱困步伐，持续加大 3 家特困企业工作督导，通过国资委处僵治困专项验收检查。完成合同管理系统 2.0 的上线运行，实现与 ERP 系统、ECP 物采系统、财务系统的业务、数据对接。

强化油田管道本质安全管控，管道失效率 0.13 次 / （千米·年），同比下降 39%。完成环庆区块 19.3 万吨原油产能地面工程建设项目，建设工期压缩 30%。加强设备基础管理，主要专业设备综合完好率 99.4%，主要专业设备利用率 67.47%。

开展保密自查工作，完成集团公司保密工作自查自评任务 90 项。清理网站敏感信息 400 余条。

落实消费扶贫活动，拓宽帮扶贫困地区面粉、大米、五谷杂粮等特色农产品销售渠道，发放消费扶贫物品 51530 人次。坚持领导挂点帮扶困难户制度，慰问困难户、职工遗孀、困难军属 6517 人次，在岗残疾职工 218 人次，办理大病和临时救助 406 人次。

【企业管理】 2020 年，玉门油田落实三年改革行动计划，组织机构、管控模式、流程界面进一步优化，初步建立"油公司"模式。实施鸭儿峡采油厂、青西采油厂合并；整合综合服务处、农牧业有限责任公司；成立工程技术研究院、监督中心；重组成立共享服务中心。实施机关"大部制"改革及机关直属机构改革方案，机关职能部门由 14 个调整为 12 个，压缩 14.3%；职能部门内设机构由 53 个调整为 46 个，压缩 13.2%。提高富余人员显性化调剂比例，向西部管道劳务输出 60 人，油田内部调剂安置富余人员 139 人；与宝石花物业酒泉分公司接洽劳务合作，以外部劳务输出方式安置 149 人。

【民生工程】 2020 年，民生工程玉门油田"三供一业"移交物业维修改造项目竣工验收，涉及酒泉基地、兰州基地、成都基地、西安基地，小区亮化、美化、绿化、硬化水平大幅提高，为油田 19281 户员工及家属营造舒适、安全的生活环境。

【队伍建设】 2020 年，完善选人用人工作制度，专业技术人员、技能人才导向激励作用充分发挥。加强干部选拔任用工作，调整 24 个单位和机关部门领导班子，56 人调整交流，24 人提拔任用。畅通领导人员退出机制，7 名二级正副职领导人员、23 名三级正副职领导人员退出岗位。有益尝试和探索创新干部快速成长机制，与玉门市互派 5 名优秀年轻干部挂职锻炼。强化厂（处）级后备干部民主推荐，选拔优秀二级正副职干部 5 名，三级正职干部 34 名，三级副职及专业技术人员 11 名。

专业技术人才队伍建设成效显著。完成甘肃省"陇原人才服务卡"人选推荐和 1 名酒泉市领军人才补选工作；167 人晋升中、高级职称。

技能操作人才队伍整体素质不断增强，在集团公司首届一线生产创新大赛中获铜牌。进一步发挥技能专家（劳模创新）工作室在技术创新、成果转化应用中的示范引领作用，1 个工作室被甘肃省人社厅评为甘肃省 2020 年国家级技能大师工作室。利用集团公司多个线上平台，开展创新能力提升培养 5000 余人次。坚持开展征集评选职工优秀技术创新成果、先进技术操作法和优秀合理化建议活动，征集职工技术创新成果 59 项、先进技术操作法 16 项、合理化建议 695 条，获甘肃省职工优秀技术创新成果一等奖、三等奖、优秀奖各 1 项，提名先进操作法 1 项。

【企业党建工作】 2020 年底，中国共产党玉门油田分公司委员会有基层党组织 213 个，其中党委 21 个、党支部 192 个。有党员 4737 名，其中女党员 1050 名，占党员总数的 22.17%；少数民族党员 84 名，占党员总数的 1.77%；35 岁及以下的党员 645 名，占党员总数的 13.62%；大专以上学历的党员 3629 名，占党员总数的 76.61%。全年发展党员 96 名。

2020 年，玉门油田开展"战严冬、转观念、勇担当、上台阶"主题教育活动，制订 21 个具体工作方案，集中学习研讨 267 次，分专题调研并形成调研报告 35 篇，开展宣讲 251 场次、大讨论 155 场次，征集合理化建议 695 条。首次召开 2020 年度党支部书记现场述职评议会，20 位示范党支部、优秀党支部书记代表进行现场述职并进行测评打分，示范带动基层党委常态化开展述职评议考核工作。

高标准推进巡视问题整改落实"回头看"。对照中央第二巡视组向党组反馈指出的 4 个方面 10 类问题，查摆出 54 个问题，制定整改措施 372 条整改落实 371 条，整改率 99.7%，制修订制度 63 项。

推动"两个责任"贯通联动，公司党委全年 2 次专题研究部署党风廉政建设工作，11 次专题听取纪检工作汇报；班子成员认真履行"一岗双责"，检查指导基层党风廉政建设工作 25 次，提醒约谈 277 人次，各单位、部门约谈 2711 人次；全方位开展廉洁风险防控，辨识风险点 1308 个，制定措施 1578 条；全年开展反腐倡廉教育 447 场次 13322 人次，廉洁测试 4528 人次，专题党课 68 次。

全年受理信访举报 21 件，同比下降 59.6%；处置问题线索 10 件，同比下降 87.9%；立结案 6 件，给予党政纪处分 8 人。运用"四种形态"处理 43 人，实现由"惩治极少数"向"管住大多数"转变。

坚持开展春节、七一建党节、国庆节期间慰问党员工作，慰问老困难党员、老党员 378 人。结合油田三项制度改革，同步推进党支部优化调整，压减党支部数量 55 个；严格落实党组织按期换届提醒督促机制，指导 73 个基层党支部完成换届选举工作，基层党组织建立健全率保持 100%。全面推广应用党建信息化平台 2.0，细化工作方案，深度融入党群工作体系，实现党建、群团、统战"一网覆盖"，党建信息化平台 2.0 推广应用在集团公司名列前茅。

（王振军　周莉娟）

中国石油天然气股份有限公司
浙江油田分公司

【概况】　中国石油天然气股份有限公司浙江油田分公司（简称浙江油田）于 2005 年 7 月由浙江勘探分公司与浙江石油勘探处重组成立。总部位于浙江省杭州市。主要从事常规和非常规石油天然气勘探、开发、生产、储运和销售等业务。工作区域主要分布在浙江、江苏、四川、湖北、云南、贵州 6 省。截至 2020 年底，设职能部门 12 个、二级单位 10 个，用工总量 490 人。

2020 年，浙江油田生产销售原油 2 万吨；生产天然气（包括页岩气、煤层气）16.08 亿立方米，商品量 15.62 亿立方米。油气生产当量 130.17 万吨，产量再创历史新高。收入 20.19 亿元，同比增长 11.36%；利润 1.34 亿元，同比增长 48.89%；连续第五年盈利（表 2-14）。

【"十三五"回顾】　"十三五"期间，浙江油田勘探开发认识持续深化，油气勘探领域大幅拓展。提出山地页岩气三元成藏赋存理论，指导有利区优选，在页岩气浅层、超浅层连续获突破。揭示浅层页岩气高产成因机制，获集团公司油气重大发现特等奖，建成国内第一个规模开发的浅层页岩气田太阳气田；创建构造改造型山地煤层气富气高产优选评价技术，建成中国第三个高煤阶煤层气产业基地；苏北页岩油勘探见到良好显示。累计新增 SEC 天然气储量 122 亿立方米，新增天然气探明地质储量 1453.34 亿立方米，创新形成浙江油田独具特色的非常规油气开发理论、技术及管理体系。加快天然气业务发展，油气当量快速增长。高效建成百万吨油气田。天然气业务快速成长，累计生产天然气 53.96 亿立方米，收入 69 亿元，利润 3.44 亿元，盈利能力从 1500 万元提高到 1 亿元以上，账面利润五连增，连续 4 年集团业绩考核为 A 级。创新机制不断优化，现场工艺技术迭代升级。坚持"两新两高"护航，突出"两优一快"思路，

表 2-14 浙江油田主要生产经营指标

指 标	2020 年	2019 年	2018 年	2017 年	2016 年
原油产量（万吨）	2.00	2.09	3.00	3.00	3.00
天然气产量（亿立方米）	16.08	14.39	11.54	6.16	5.79
新增天然气产能（亿立方米）	8.21	5.40	5.23	6.73	2.55
新增探明天然气地质储量（亿立方米）	0	1359.50	0	0	93.84（煤层气）
二维地震（千米）	0	53.10	0	100	0
三维地震（平方千米）	416.00	200	256.67	317.63	243.97
探井（口）	20	22	30	12	18
开发井（口）	46	53	59	99	25
钻井进尺（万米）	17.01	19.35	18.77	23.10	12.52
勘探投资（亿元）	1.98	2.03	5.25	3.84	1.44
开发投资（亿元）	20.66	20.60	19.43	17.42	10.05
资产总额（亿元）	97.55	86.18	72.86	59.83	42.42
收入（亿元）	20.19	18.12	16.22	7.62	7.22
利润（亿元）	1.34	0.90	0.81	0.24	0.15
税费（亿元）	0.85	0.87	0.68	0.44	0.51

漂浮下套管技术在浅层大水垂比井全面推广应用，套管跟管钻井工艺在川南首创应用，浅层页岩气井返排技术国内首创，单井产量明显提升；鲲腾节点地震采集仪器国内首次应用，采集日效提高 1 倍、地震资料品质大幅提升；页岩气场站全橇装化建设为国内首创，工期缩短 30% 以上；钻井和压裂工具国产化进程不断加快，积极引进系列国产技术装备，打破国外技术垄断。"油公司"改革全面深化，治理能力显著提高。坚持将完善深化"油公司"模式作为全面深化改革的"重头戏"，以问题为导向，以市场化为方向，以"提高运行效率、实现高质量发展"为主线，持续优化调整公司内部组织机构，主营业务归核化、组织机构扁平化、辅助业务专业化、运行机制市场化、生产管理数字化"五化"特色"油公司"模式不断完善，治理体系和治理能力现代化建设推进有力。连续五年获集团公司质量安全环保节能先进企业，入选国家绿色矿山名录。

【疫情防控】 2020 年新冠肺炎疫情发生后，浙江油田坚持把员工生命安全和身体健康放在第一位，克服承包商多、人员多，生产区域分散、人员流动性大等困难，守住"零疫情、零感染"底线。第一时间成立疫情防控工作领导小组，科学精准部署防控工作，构筑覆盖浙江油田和所有承包商单位的联防联控工作机制。浙江油田和承包商干部员工，在统一指挥下，立即行动，迅速打响抗击疫情的阻击战、防控战；全年共发布七版疫情防控手册，累计发放口罩 15 万只、消毒液 1.1 吨，为湖北等地捐款捐物 35 万元，组织志愿者无偿献血 1.35 万毫升，保证油气安全稳定供应。科学施策抓复产，加强与地方政府协调沟通，分区分策，快速有序实现复工复产。杭州总部 2 月 14 日率先返岗复产，是集团公司最先复工的油气田。湖北宜昌探区企地联合开通"千里复工专车"，一个月内组织完成近千人次复工转运。

【油气勘探】 2020 年，浙江油田年完成探井钻井 20 口，实施三维地震勘探 416 平方千米，新增 SEC 储量 24.44 亿立方米。精细评价太阳气田南部海坝浅层页岩气，YS153H1 井组单井测试日产达到 5 万立方米，有望南北连片开发，锁定第二个千亿立方米浅层页岩气储量申报区。宜昌远安发现丘滩体岩性圈闭，远安 1 井上部地层钻遇油气显示；苏北页岩油丰页 1H 井见到油气显示；昭通示范区毕节星火向斜乐平组、威宁龙街向斜旧司组钻遇页岩气显示，展示良好勘探前景。运用矿权新政，新增荆门页岩气矿权面积 993 平方千米；内部流转马田、梅田煤层气矿权，面积 529 平方千米。

【油气田开发】 2020 年，浙江油田突出精细排采管理，页岩气按照开发单元、气井类型实施"一井一策"管理，年产量达到 14.87 亿立方米新高；煤层气坚持智能精细排采，年产量 1.21 亿立方米。加快气藏评价建产，加强精细地质研究，深化油气富集规律认识，滚动评价太阳南部海坝区带，优选建产区面积 400 平方千米，有望再建 7 亿立方米产能，形成年产 15 亿立方米浅层页岩气产能规模。加快新区产能建设，建成国内首个浅层页岩气田，完善推广浅层页岩气钻完井配套技术，完成太阳气田 8 亿立方米产建工程，当年贡献 4.7 亿立方米产量。按照"钻前不等征地"的原则，及时完成 30 宗 435 亩土地租赁。加快老井稳产措施研究，坚持生产与研究、地质与工程一体化分析思路，加快稳产措施研究实施，老井增产 1.08 亿立方米。

【产能建设】 2020 年，浙江油田产能建设工作量主要集中在四川泸州叙永和云南昭通威信地区，钻井 30 口、压裂 58 口、投产 60 口，新建产能 8.21 亿立方米。位于威信地区的紫金坝 4.8 亿米³/年产建项目完成钻井 0 口、压裂 11 口、投产 9 口，新建产能 2.10 亿立方米；位于叙永地区的太阳气田 8 亿米³/年浅层页岩气产建项目完成钻井 30 口、压裂 47 口、投产 51 口，新建产能 6.11

亿立方米。

【安全环保】　2020年，浙江油田建立完善生态环境风险管控机制，推进环保依法合规，各级党组织召开生态环境专题会议13次，排查一般环境隐患51项，整改完成49项。启动安全生产专项整治三年行动，分解落实926项具体任务，整改问题隐患1626项，健全制度、方案40项。集团公司两次QHSE体系量化审核平均得分85.88分，是历年最好成绩。抓实重要风险管控，推进管道完整性管理，识别管道高后果区5处，通过技术手段查找并修复管道风险点40处。强化生产作业现场监督检查，全年查处问题2749项，通报违章364起，清除承包商队伍6支，清退承包商直接违章责任人7名。关爱员工健康，发布《员工健康指导意见》，常态化开展职业病危害检测和接害岗位员工体检。投入安全环保专项资金，治理安全环保隐患7项。投入节能专项资金，对15口外围零散井"放空气"进行回收，回收天然气1.2亿立方米。

【提质增效】　2020年，浙江油田持续强化质量管理制度建设，制修订钻压工程、井筒质量、物资采购和入井材料等6项质量管理制度。抓质量监管，开展油气水井质量三年集中整治行动，组建现场流体实验室，组织入井材料和流体质量专项检查，深挖问题原因补短板、强弱项，加强质量管理。成立提质增效专项行动工作领导小组，明确21项提质增效指标，制定8项配套措施，落实责任单位、责任人。成立提质增效工作督导组，制订专项监督方案，加强方案落实情况督查。开源、节流双向发力，全年销售收入突破20亿元，增长11.37%，页岩气、煤层气销售单价分别提高0.01元/米^{3}和0.04元/米^3。全年页岩气增收2.2亿元，零散气推价增收500万元；钻井、压裂等主要费用同比下降13%；利用税收减免政策，减税降费776.47万元；优化物资采购模式，石油专用管综合采购价格降低18%，压缩机、采气井口等下降10%，全年节约投资2亿元，成本挖潜1628万元。

【深化改革】　2020年，浙江油田贯彻落实国企改革三年行动方案，遵循"专业化发展、市场化运作、精益化管理、一体化统筹"治企准则，推进新型"油公司"及三项制度改革。累计整合机构职能5项，减少三级机构54个，压减职能管理岗位99个，用工总量控制在490人，低于总量控制计划。以效益效率为导向的薪酬分配和全员业绩考核体系运行良好，"收入凭绩效、增收靠贡献"的共识全面形成。

【技术攻关】　2020年，浙江油田盆外山地页岩气"多场协同多元耦合"富集成藏赋存理论的创新形成，指导昭通浅层页岩气的勘探发现，有效助推评价选区，开辟山地页岩气3000亿立方米整装太阳气田战略新资源，浅层页岩气评价开发技术攻关再获突破。"川南地区 3500 米以浅页岩气规模有效开发关键技术"获集团公司科学技术进步奖特等奖，同时获集团公司科学技术进步奖一等奖、三等奖各 1 项。"昭通示范区浅层页岩气勘探突破与高效开发创新技术应用"获浙江省科学技术进步奖二等奖。国家重大专项"昭通页岩气勘探开发示范工程"和集团公司重大现场试验"昭通示范区页岩气钻采工程技术现场试验"通过集团公司审验收，科技成果推广应用取得新进展，其中国家重大专项取得一项理论认识，攻关形成六大技术系列、23 项特色技术标志性创新成果。参与制定国家和集团公司非常规行业标准 7 项、浙江油田技术标准规范 7 项，申报授权专利 6 项、技术秘密 1 项，在中文核心期刊发表论文 76 余篇。申报集团公司重大技术现场试验项目"井下光纤智能监测现场试验"获得立项，承担勘探与生产分公司科研项目 3 项。针对浅层岩气地质工程特点，推广应用地震逐点引导水平井钻井地质导向、优快安全钻井技术、水平井水基钻井液、浅层页岩气体积压裂、浅层页岩气排采等 7 项工业化、国产化、低成本特色技术。制定实施《关于加快推进浙江油田科技创新的实施意见》，增设科技奖项、加快成果转化、加大人才激励的相关措施；编制《国家科技重大专项绩效考核管理办法》，建立以科技贡献为导向的绩效考核体系。持续推进科研项目课题长、任务长、项目经理负责制管理模式，赋予课题长、任务长、项目经理及主要研究成员更多自主权，培养一批年轻有为、敢于担当作为的年轻技术专家。

【依法治企】 2020 年，浙江油田推进合同管理规范化、标准化、信息化建设，完成合同 2.0 系统升级，运行正常。制度"立改废"工作进一步深化，完成制度制订 50 项，修订 55 项，废止 55 项。对非制度类规范性文件实施合法合规性审核，为规范性文件依法合规提供保障。合规管理作为月度、年度的绩效监控指标纳入考核，促进生产经营依法合规。全面实施委托招标，委托华东（上海）招标分中心实施。优化招标报审程序，通过"协同办公平台"移动终端，招标项目实现全过程电子化审批，提高工作效率。开展投资项目风险评估及程序性审核工作，制定投资项目风险评估管理办法，完成 2019 年风险评估及工作总结报告。完成年度内控自我测试，涉及内部控制 21 个一级流程、175 个末级流程、320 个关键控制点，测试样本 1841 个，发现例外事项同比下降 50%。推进体系融合工作，完成综合管理体系方案、业务能力架构搭建、综合管理体系要素框架搭建、规章制度审查、制度流程对照表、综合管理体系手册、二级单位管理分册和基层单位操作规范编制等工作，完成综合管理体系文件的审核、修订、评审和发布。开展第三届管理创新成果评比活动，对 2019 年 30 项管理创新成果进行评审，表彰奖励优秀成果。完成《油气田企业战略转型的探索与实践》报告，获集团公司管理创新成果二等奖。

【员工培训】 2020年，浙江油田持续全员能力素质评估和需求调查，增强培训计划项目针对性，拓宽培训渠道，严格过程管理，加强考核和后评价，提升培训效果。实施公司级培训计划22项，各单位、部门完成培训656项，送外培训98项，240人次；承包商培训253项，3022人次。组织管理技能知识竞赛，以赛促学、以赛促训、以赛促提高。参加集团公司首届一线生产创新大赛，西南采气厂蒋一欣、张盼锋、王子云、薛伟宾、薛彦明参赛的《关于页岩气井排水采气接替工艺的难题》获三等奖。参加2020年全国行业职业技能竞赛第二届全国油气开发专业采气工和集输工竞赛，获采气工个人铜牌，采气工团队项目三等奖、团体项目三等奖及集输工团队项目三等奖。完成行业类职业技能资格证书向国家职业技能等级证书转变并完成国家证书系统历史数据补录工作，32人通过技能等级鉴定，其中19人通过高级工资格鉴定，3人通过技师资格鉴定。2020年，新增35名兼职培训师。

【企业党群工作】 2020年，浙江油田政治建设抓得牢，常态化落实"第一议题"制度，压紧压实两级党委中心组学习，建立完善贯彻落实习近平总书记重要指示批示精神保障机制。巡视整改抓得严，建立问题清单、任务清单、责任清单，集团公司党组巡视发现问题全部整改到位。组织建设抓得紧，干部板结现象有所改善，全年调整使用中层领导人员27人次，去行政化改革快速落地，完成165名干部岗位层级套转工作。反腐倡廉抓得狠，强化纪委专职监督，巡察利剑效应不断彰显，向两个基层党委反馈巡察问题97项，巡察成果转化运用取得明显成效；狠抓正风肃纪和监督执纪，扎实开展"四风"整治，全面加强"三不"机制建设，风清气正的政治生态不断巩固。开展"战严冬、转观念、勇担当、上台阶"主题教育活动、"把油田装进心田"形势任务教育，组织各层级宣讲103次、调研56次；宣传文化引领作用充分发挥，发布新版企业文化手册，在公司主页刊发新闻2050篇、新媒体刊发550篇、集团公司官网刊发150篇以上，社会关注度同比提高20%；群团民生工作取得新实效，开展劳动竞赛、扶贫帮困、"青力青为"主题实践，创建劳动模范工作室，"最好一餐在岗位"和"健康体检少跑腿"得到认可，广大员工的向心力、凝聚力进一步增强。

【民生工程】 2020年，浙江油田把职工群众生命健康放在第一位，筹集调配口罩，拨付100余万专项资金支持新冠肺炎疫情防控，指派专人摸排员工群众生活需求，为缺少防护用品、因疫情致困、坚守岗位的职工和家属及时送去防疫物资和生活用品。建立员工健康档案，对存在异常或疑问的进行专门提醒，安排有针对性重点复查，做到早预防、早检查、早诊治。坚持走访、慰问制度，发放 66.8 万元帮扶困难职工 300 余人次。"金秋助学" 45 人，发放助学金 21 万元，对一线 300 多名员工进行慰问。完成退休职工社会化管理移交工作，油区和谐安定局面更加稳固。

【智慧油田建设】 2020 年，浙江油田围绕"管理高效化、技术智能化、操作无人化"建设思路，推进智慧油田建设，包括 12 个项目，分别是协同办公平台，生产经营与绩效评估平台，安全环境监控平台，大数据管理平台和区域湖平台，勘探开发一体化协同平台，地质工程一体化决策平台，煤层气智能排采，地面建设数字化移交，物联网（A11），黄金坝作业区智能化管理，智联智能运行管理平台，疫情防控平台。截至 2020 年底，完成 10 个项目建设。物联网自动采集系统，数据自动采集覆盖率由 30% 提升到 100%；移动协同办公平台，80%以上管理业务由线下转移到线上；大数据管理平台与区域湖，为生产经营、技术研究和生产运行提供数据支撑。

（罗新明）

中石油煤层气有限责任公司

【概况】 中石油煤层气有限责任公司（简称煤层气公司）是中国石油天然气股份有限公司独资设立的从事煤层气业务的专业化公司，成立于 2008 年 9 月，总部位于北京市，主要从事煤层气、致密气、页岩气的勘探、开发、集输、销售、国内对外合作，以及相关工程施工、技术服务、技术咨询、信息咨询、技术培训等业务，工作区域横跨山西、陕西、新疆、内蒙古、宁夏、湖南、贵州、黑龙江等八省（自治区），规模生产区域主要位于晋陕两省的鄂尔多斯盆地东缘。

截至 2020 年底，机关设 12 个部门、3 个直属机构、3 个附属机构；设 11个所属单位（勘探开发研究院、工程技术研究院、勘探开发事业部、韩城分公司、临汾分公司、忻州分公司、山西分公司、外围项目经理部、煤炭地下气化项目部、中石油渭南煤层气管输有限责任公司、监督中心）。按照股份公司授权，负责管理中联煤层气国家工程研究中心有限责任公司。用工总量 1103 人。

2020 年，煤层气公司天然气产量 24.62 亿立方米、商品量 24.4 亿立方米，分别同比增长 4.2%、5.6%；收入 25.66 亿元，净利润 3.01 亿元，同比增长

12.3% 和 32.6%（表 2–15）。

表 2–15　煤层气公司主要生产经营指标

指　标	2020 年	2019 年	2018 年	2017 年	2016 年
天然气产量（亿立方米）	24.62	23.63	20.95	18.91	12.66
新增天然气产能（亿立方米）	8.09	3.04	3.17	3.0	1.2
新增探明天然气地质储量（亿立方米）	429.03	—	291.08	1142	322.61
二维地震（千米）	0	0	0	392.10	332
三维地震（平方千米）	480	370	0	0	0
探井（口）	2	15	17	28	16
开发井（口）	267	281	240	113	26
钻井进尺（万米）	60.22	55.80	40.45	28.62	9.14
勘探投资（亿元）	1.51	1.95	1.54	2.23	1.78
开发投资（亿元）	16.41	10.92	8.70	7.18	5.04
资产总额（亿元）	110.77	104.23	97.36	101.80	100.26
收入（亿元）	25.66	22.85	21.68	18.04	13.96
净利润（亿元）	3.01	2.27	−5.82	1.28	0.43
税费（亿元）	1.72	1.69	1.60	1.58	1.14

【"十三五"回顾】　"十三五"是煤层气公司夯基础、调结构、促改革、防风险、提质量、增效益的五年，在推动公司高质量发展的征程上取得系列显著成效。累计产量破百亿立方米，实现产量 100.77 亿立方米、商品量 98 亿立方米；"十三五"末油气当量超过 200 万吨，较"十二五"末增长 286%。经营业绩稳步提升，累计收入 102.2 亿元，持续保持集团公司业绩考核"A"级单位。安全环保形势稳定向好，连续 5 年获"集团公司质量安全环保节能先进企业"。科技攻关成效明显，获省部级及以上科技奖励 16 项，国家授权专利 61 项、计算机软件著作权登记 14 件，发表 EI、中文核心论文 60 余篇；组织发布各类行业标准 80 余项，牵头起草的 2 项国际标准（《煤的比表面积测定方法》《煤层气资源评价规范》）通过 ISO/TC 263 委员会审查。坚持"油公司"管理模式，扎实推进"三项"制度改革，公司合规管理水平和抗风险能力进一步提升。全面从严治党责任深入落实，"大党建"格局基本建立，"把方向、管大局、促落实"的

领导作用更加突出，全面夺取疫情防控和生产经营改革发展"双胜利"。

【勘探开发】 2020 年，煤层气公司强化勘探评价，资源增储实现新突破。深层煤层气勘探评价获股份公司勘探重要发现三等奖。海陆过渡相页岩气勘探评价成果丰硕，3 口水平井获工业气流。多层系立体勘探评价成效显著，陕北延川郝 13 井首次钻揭本溪组高压气层，石楼北区块三维地震勘探首次发现鄂东缘下古生界冲断带。加强气藏经营管理，保德煤层气田连续第 5 年稳产 5 亿米^3/年以上，韩城煤层气田日产气量稳步提升。持续推进综合治理，全年治理 174 口井，增产 3145 万立方米。高效推进"5+1"产建工程，大宁—吉县区块 5 个致密气百万立方米大井组部署水平井 37 口，投产 7 口井日产天然气 85 万立方米；启动全国首个亿立方米煤层气规模开发大平台建设，保 8 井区落实井台 4 座、井位 55 口。优化水平井钻井提速模板，钻井时效提高 10%、钻头消耗减少33%、钻井周期缩短 37%；优化地面工程工艺，标准化设计覆盖率 100%，场站安装预制率 85%，缩短建设工期 10%。

【科技创新】 2020 年，煤层气公司强化创新驱动，战略发展增添新动能。牵头承担国家重大科技专项 2 项、股份公司科技重大专项 2 项，实施公司科技项目4 项，推广新技术新产品 6 项，授权发明专利 12 件，发布行业标准 6 项、集团公司标准 2 项。针对大宁—吉县区块深 8 煤开展系统评价，创新形成深煤层开发技术 11 项，优选 12 口老井实施体积酸压试验，有效攻克 2000 米以深煤层气开发禁区，开启煤层气资源评价从储层常压区向高压区、由埋深中浅层向深层的"两个转变"；在大吉区块开展海陆过渡相页岩气地质理论与工程技术攻关研究，落实海陆过渡相页岩气地质条件，3 口水平井密切割体积压裂技术试验取得良好效果；煤炭地下气化（UCG）项目攻关通过股份公司开题论证，各专项课题进入实质性研究阶段。加强数字基建，优化完善信息化顶层设计配套方案，开展勘探开发数据智能治理、产建动态模块、生产安全视频监控系统、油气生产物联网、大数据中心等项目建设，取得阶段性进展。

【安全环保】 2020 年，煤层气公司强化责任落实，安全环保形势平稳可控，未发生一般 B 级及以上安全环保事故事件，获集团公司"质量安全环保节能先进企业"。开展"强基础、提素质"QHSE 专项培训，针对性设置培训课程 92 项，培训 1700 人次；开展各级领导干部述职和履职能力评估 239 人次；精准开展QHSE 巡察工作，实现所属单位全覆盖；建立 2 大类 12 项高危作业项目清单，排查专项隐患问题 247 项，制订重点风险防控方案 11 项，实现分公司级重点施工作业监督全覆盖。优化承包商队伍结构，内部队伍占比 95% 以上，清退不达标承包商队伍 9 支。落实黄河流域生态环境保护责任，处理并达标排放采出水

260 万吨，实施钻井泥浆不落地 93 井次；持续推进绿色矿山创建，保德北 5 亿米³/年煤层气项目、大吉 5-6 井区致密气 5 亿米³/年项目进入国家级绿色矿山名录，韩城南、韩城西 2 个煤层气项目实现省级绿色矿山达标创建。以精准疫情防控强化员工健康管理，编发《公司常态化疫情防控指导手册》，将常态化疫情防控纳入 QHSE 统一管理，与各类生产活动同部署、同实施、同监督、同考核；实施《健康煤层气 2030 规划方案》，开展职业健康普查，建立全员"健康卡"。

【对外合作】 2020 年，煤层气公司执行对外合作项目 6 个，国内联营项目 2 个，年产量 11 亿立方米、日产量突破 350 万立方米。开展增储工作，完成石楼北区块金 1、中 1 井区三维地震采集。加快推进产能建设，三交煤层气区块完成钻井 18 口，新建产能超 0.66 亿立方米，创历年新高；三交北区块完成钻井 34 口，秦家山集气站提前 75 天投产，全面完成 3 亿米³/年产建任务；石楼西区块完成水平井钻井 30 口，钻井周期缩短 13.3%，平均机械钻速提高 30%，压裂施工效率提高 57%，申请钻完井技术专利 3 项。

【提质增效】 2020 年，煤层气公司聚焦提质增效，强化经营管理，EVA 变负为正，实现 0.94 亿元，超额完成预算指标 2.75 亿元。强化投资管理，压减年度投资总量 2.23 亿元。统筹投资和业务发展，加强效益评价，重点向效益好、具有重大战略意义的保德滚动扩边二期、大和及延川 6 亿米³/年产建项目等重点项目倾斜。强化精细管理，成本费用平稳受控，实现单位完全成本 1.084 元/米³，单位操作成本 9.36 美元/桶，均控制在板块下达指标之内；修旧利废节约资金 1649 万元；"五项"费用同比下降 35%；用足用好疫情期间复产复工、非常规天然气补贴、增值税退税等国家政策创效 7620 万元。强化创新增效，推进网电改造，节约自用气量 2249 万立方米，节约发电机保运费用 2063 万元；在韩城分公司进行扩大经营自主权试点改革，减少运行费用 1400 万元。强化合规管理，优化招标整体节约金额 4000 万元，强化工程造价结算核减工程费用 1839 万元，深化工程结算审计审减工程结算资金 1244 万元。

【深化改革】 2020 年，煤层气公司强化深化改革，系统能效进一步提升，2 项管理成果分别获全国企业管理现代化创新成果二等奖和石油石化企业管理现代化创新成果一等奖。优化体制机制，强化勘探开发事业部力量，新建产能 5.13 亿米³/年，同比增长 86.5%，方案符合率、产能到位率、致密气新井当年贡献率分别同比提高 10%、5.3%、6%；组建地质工程一体化工作站，水平井储层钻遇率同比提高 8%；优化生产运行组织机构，构建以市场为导向的产、供、销格局，推动物资管理向现代物流模式转变。完善"三能机制"，推进扁平化管理，实现"分公司—站队"两级管理模式，撤销三级机构 67 个；加大差异化激励力度，同级别月奖最大差距 30% 以上；推进干部能上能下，实施干部任期制、试用期制、"阶梯式"退出政策，提拔"80 后"年轻干部 17 人、占比 57%；推进员工能进能出，建立员工动态管理机制，4 名党委直管干部进行双向交流，5 名干部到基层挂职锻炼，招聘应届高校毕业生 10 人，引进成熟人才 23 人。创新培训模式，开展"导师带徒结对子"活动，签订师徒协议 570 份，参加技能比赛练就人才，1 人获全国采气工职业技能竞赛铜牌，选派 6 支队伍参加集团公司首届一线生产创新大赛获团队三等奖 2 项、优秀组织奖 2 项。

【企业党建工作】 2020 年，煤层气公司探索建立"不忘初心、牢记使命"主题教育长效机制，班子成员授课 12 次、中层领导干部授课 121 次；组织党委中心组学习 15 次，6 名班子成员均进行研讨发言；深入开展"战严冬、转观念、勇担当、上台阶"主题教育活动，编发简报 12 期，推送集团公司"战严冬"专栏稿件 20 余篇。推进党的组织建设，开展所属单位党组织书记抓基层党建述职评议考核，党建责任权重在绩效考核中占比 30%。新建、重组党支部 21 个，完成 2 个党组织的换届工作，党组织健全率和党员班组覆盖率达到两个 100%。探索区域党建"8+6"联建模式，形成同一区域单位之间党建工作新机制、新格局。推进党的作风建设，疫情期间领导班子实行"双岗值班"和 24 小时值班制度，46 名党员干部连续工作四个月以上。践行"马上就办、担当尽责"，成立督办工作领导小组，形成三级督办工作网络，实现督办向帮办、任务清单向任务清零"两个转变"。强力推行"一线工作法"，建立打石腰"一刻钟工作圈"，提升整体执行效力。推进党的纪律建设，聚焦常态化疫情防控、提质增效专项行动、党内政治生活、安全生产领域等重点工作，开展跟进监督、精准监督、全程监督；严肃巡视巡察问题整改，成立 10 个专项整改（治）工作组，制定整改措施 331 项，完成 329 项；深化党委巡察，完成 3 家所属单位疫情防控和提质增效专项巡察。组织开展"六比六看""决胜 5+1"等劳动竞赛、提质增效"金点子"群众性创新活动、QHSE 隐患识别"金眼睛"群众安全监督活动，"一站到底"安全环保知识竞赛获集团优秀工会工作案例一等奖。医疗体检、带薪休假、帮扶救助、"双送慰问"等关爱政策落实落地，员工获得感、幸福感、安全感进一步增强。

（纪 烨）

南方石油勘探开发有限责任公司

【概况】 南方石油勘探开发有限责任公司（简称南方公司）前身为中国石油天然气勘探开发公司，1984 年在北京注册成立，1991 年迁至广州；1995 年以"南方石油勘探开发有限责任公司"名称在广州注册；1997 年划入中国石油天然气勘探开发公司管理；2008 年 9 月，调整为中国石油天然气集团公司直属单位，业务上归勘探与生产分公司管理；2011 年 10 月，中国石油天然气股份有限公司正式完成对南方公司的股权收购。总部位于广州，勘探区域覆盖广东、海南、广西、云南四省（自治区）。

2020 年底，南方公司设 10 个机关部门、7 个二级单位。在职员工 180 人（合同化 94 人、市场化 86 人），平均年龄 42 岁，其中党员占 57%，本科及以上学历占 71%，中级及以上职称占 62%，高级职称占 37%，教授级高工 4 人。70% 以上在油田现场工作。

2020 年底，南方公司有探矿权 5 个，勘查面积 5654.26 平方千米，其中海南省 2 个、广东省 1 个、广西壮族自治区 1 个、云南省 1 个；另有采矿权 2 个，开采面积 302.63 平方千米。

2020 年，生产液态烃 30.58 万吨、天然气 1.04 亿立方米，销售液态烃 30.59 万吨、天然气 8893 万立方米；收入 8.71 亿元，超出奋斗目标 1.07 亿元。

【"十三五"回顾】 "十三五"时期，南方公司人均关键业绩指标稳居油气田企业前茅。截至"十三五"末，累计三级储量石油 9155 万吨，天然气 212 亿立方米，油气当量 1.08 亿吨，比"十二五"末增加 1706 万吨；SEC 储量石油 302 万吨、天然气 18 亿立方米，平均储量接替率 1.2；完成二维、三维地震 558 千米和 234 平方千米；钻井 196 口，累计进尺 69 万米；累计生产液态烃 151 万吨、天然气 5.6 亿立方米，合计油气当量 196 万吨；累计实现营业收入 51.4 亿元，利润 10.7 亿元，上缴税费 7.9 亿元；资产总额 54 亿元，5 年增加 11.8 亿元，较好地实现国有资产的保值增值。

"十三五"期间，南方公司深化老区精细勘探，加快新区新领域探索，累计投入勘探资金超过 10 亿元，实施探井 58 口。推进高效生产运行，加快开发技术攻关，提升高质量发展保障能力。坚持评价建产一体化，转变开发方式，打造省重点项目，累计投入评价开发资金 20 亿元，实现增储上产。坚持创新驱动发展，加快新技术适用技术应用升级，激发高质量发展强大动能。规范科技管理，累计投入资金 3.62 亿元，打造现代化、数字化油田，科研成果有力支撑公司油气勘探开发，创造良好生产效益、管理效益和经济效益，获省部级以上科学技术进步奖 6 项（表 2-16）。

表 2-16 南方公司主要生产经营指标

指　标	2020 年	2019 年	2018 年	2017 年	2016 年
液态烃（万吨）	30.58	30.52	30.48	30.04	29.48
天然气产量（亿立方米）	1.04	1.04	1.07	1.11	1.38
新增原油产能（万吨）	6	4	4	4	3.45
新增天然气产能（亿立方米）	0.07	0.11	0.05	0.04	0.05
二维地震（千米）	234	—	—	—	—
三维地震（平方千米）	331.9	—	—	—	—
探井（口）	13	9	7	16	14
开发井（口）	29	20	20	15	20
评价井（口）	5	6	5	7	9
钻井进尺（万米）	16.19	12.85	11.97	13.44	14.21
勘探投资（亿元）	3.04	3.03	2.28	3.30	1.64
开发投资（亿元）	3.62	2.93	3.62	2.59	2.59
资产总额（亿元）	54.03	51.59	48.4	45.60	43.23
收入（亿元）	8.71	11.87	12.62	10.27	7.93
利润（亿元）	0.25	3.62	4.59	2.03	0.24
税费（亿元）	0.76	2.19	2.71	1.44	0.80

【油气勘探】 2020 年，南方公司突出主责主业，打好勘探开发进攻战。提升油气勘探开发力度，确保油气产量稳中有增。坚持老区精耕细作，加快新区新领域探索，全年探井成功率 56%、评价成功率 100%；新增探明石油地质储量 1069 万吨、预测石油地质储量 370 万吨，合计新增三级石油地质储量 1439 万吨，完成南方公司储量任务的 111%。海南福山探区突出效益勘探，涠洲组实现高效增储；注重规模勘探，岩性油藏展现大潜力；探索三新领域，多种类型取

得新成果；突出规模评价朝阳后备区，夯实开发建产基础。广东三水探区开展综合地质研究，开辟页岩油勘探新领域，高 1 平 1 井钻遇油层 318 米；开展储气库建库评价工作进展顺利，证实具备建库条件。广西崇左探区完成崇 1 井钻后评价，明确探区发育两套烃源岩及礁滩体，具有常规和非常规气藏勘探潜力。云南德宏探区，完钻陇 4 井。在与中国海油合作区块，优化勘探部署，完成三维地震资料采集。

【油气田开发】 2020 年，南方公司优化方案部署和产量结构，老井深耕靠实基础，新井早投接力稳产。立足富油区效益建产，新建产能 6 万吨。持续加强油藏注水，完善注采关系，夯实水驱开发基础，实现主力断块注水全覆盖。精细注采调控，在中高含水井组开展周期注水实验，效果显著。2020 年原油、天然气自然递减率降至 9.3% 和 2.8%，为历史新低。优化生产组织运行，编制油气生产运行大表，跟踪督办重点工程，综合平衡产运储销，强化水电路信保障，克服灾害天气不利影响，生产运行更加均衡平稳。

【工程技术】 2020 年，南方公司持续开展工艺技术攻关，油气保障能力稳步提升。推广应用同心双管地面数字式分注技术，应用井占比达 54%，地面测调可靠准确，实现全天候达标注水；推广智能柱塞气举工艺，2020 年实施 10 井次，柱塞气举井总计 48 口，日产天然气 16.53 万立方米，占天然气总产量的 53%，平均增产率 117%，在几乎未新增产能建设井的前提下保证天然气的连续稳产；通过优化措施、试验推广长冲程塔架式抽油机、潜油螺杆泵等高效举升工艺，普及内衬油管应用等措施，坚持以机采系统经济运行为目标，抽油机系统效率整体提高 1.5 个百分点，检泵周期延长 115 天；形成精细分层 + 暂堵转向压裂配套和形成复合压裂液 + 缝网压裂的配套技术；积极推进地热能开发，地热资源评价取得阶段性成果；持续提高地面建设管理水平，保障油气生产平稳运行。

【科研创新】 2020 年，南方公司承担上级下达科技项目 5 项，自立 13 项，投入经费 2350 万元，参与的"石油开采业危险废物靶向豁免与污染防控管理支持与应用""油气开采业危险废物分类豁免与污染防治技术研究与应用"项目分别获集团公司 2020 年科学技术进步奖二等奖和中国石油和化学工业联合会 2020 年度科学技术进步奖二等奖。科技创新和技术引用工作围绕支撑油气生产有序开展：二氧化碳先导试验运行平稳，莲 4 断块地层压力得到有效补充，累计生产原油 6100 吨、生产天然气 6733 万立方米，增效显著，为全面推广和大幅度提高采收率奠定基础。实施压裂 20 井次，累计增产原油 1.73 万吨，增产天然气 468 万立方米；推广应用以柱塞气举为主体的排液采气工艺，实施 12 井次，累计增产原油 1410 吨、增产天然气 238 万立方米，夯实油田增油稳气基础；试验推广塔架式抽油机、同心双管分注、泡沫排水采气等新技术和适用技术，取得较好的提质增效成果。

【安全环保】 2020 年，南方公司全面落实 HSE 直线责任，HSE 体系运行质量持续提升，量化审核成绩逐步提高。全面启动安全生产专项整治三年行动，制订工作方案，推动措施落实，持续提升本质安全环保水平。持续强化排污许可依证管理，完成中央环保督察问题整改销项，持续推进绿色矿山和清洁生产工作。强化油田环境监测和调查，明确监测任务，定期开展监测，确保油田污染物排放和环境质量达标。加强承包商 QHSE 监管，严把承包商入口关，开展承包商履职能力考评，严格"两书一表"管理实施。加强工程、井筒和采购物资产品质量管理，有序推进节能节水及能源管控试点建设，完成节能节水指标。连续 3 年获评集团公司质量安全环保先进单位，安全环保形势持续稳定。

【经营管理】 2020 年，南方公司持续优化投资结构。采取"一项目一对策"，充分评估项目在低油价下的回报和对公司长期稳产的贡献，在不减少总体工作量的前提下，优减投资 6.2%；持续推进降本控费。吨油完全成本、油气单位操作费完成上级下达压控指标，折旧折耗、销售管理费分别同比下降 9%、19%，可控管理性支出同比下降 30%，其中"五项"费用压降 50%，物资采购总成本下降 10%；持续提升资金效率。量入为出实施资金计划滚动调整、动态管控，现金净流入 3006 万元，较好完成自由现金流、"两金"压控、降杠杆减负债等各项指标。及时研判分析，依法合规申请，通过落实疫情期间国家出台的各项优惠政策，减少人工成本 446 万元、税费支出 447 万元，降低用电成本 140 万元；迅速落实海南自由贸易港企业所得税减按 15% 税率征收优惠政策，冲回递延所得税 9548 万元；深入推进"战严冬、转观念、勇担当、上台阶"主题教育活动。开展学习调研，层层组织宣讲，发动全员讨论，推动岗位实践，及时跟进督导，将主题教育活动与提质增效专项行动有机融合、一体推进，为打赢提质增效攻坚战提供坚强思想保障、有利舆论支持和强大精神力量。2020 年，累计降本提质增效超过 2.5 亿元，实现人均产值 483 万元，人均利润 60 万元。

【企业党建工作】 2020 年，南方公司治党工作责任，印发党委落主体责任清单。健全党建工作制度体系，优化调整基层党组织设置，开展基层党支部书记述职评议考核和党支部达标晋级工作。构建"融合式党建"工作新机制，把流动党员和合作方党员纳入公司党建管理、考核机制之内，使党建的目标、方法、要求一致，促进合作双方的党建资源共享共用、协同共建，推动党建与生产深度融合。进一步完善"三重一大"实施细则，"三重一大"事项全部由党委决策，党委领导作用充分发挥。巩固和发展爱国统一战线，召开统战工作座谈会。

切实提高政治站位，完成巡视整改工作。

【企业文化建设】 2020年，南方公司制定完善干部管理工作制度，加强对干部的日常教育和管理监督。加强干部队伍梯队建设，以内部推选方式提拔二级正职1人，交流轮岗中层管理人员5人、退岗4人。加强中层以下管理人员选聘，开展高级主管、主管岗位竞争上岗工作，选拔高级主管7人、主管12人、直接确认主管4人。选派2人分别到海南省工信厅、自然资源和规划厅挂职锻炼。全年开展各层次培训700余人次。参与并协助地方上级工会举办多项活动，在教育、扶贫、联合治安、应急响应等方面主动配合地方政府，履行社会责任。加大正面宣传工作力度，《人民日报》《中国石油报》及海南省电视台等10余家中央、地方和行业主流媒体累计发稿超过40余篇，后勤保障有力，办公生活环境舒适有序。关爱退休人员，认真落实"两项"待遇，组织健康体检，开展节日慰问活动，全年共有9个单位、集体和38人次获省部级以上表彰和奖励。

（宋　佳）

中国石油天然气股份有限公司
储气库分公司
（中国石油集团储气库有限公司）

【概况】 中国石油天然气股份有限公司储气库分公司（中国石油集团储气库有限公司）简称储气库分公司，前身是2016年11月成立的中国石油天然气销售储备气分公司，负责中国石油储气库业务的专业化管理工作，主要承担储气库规划计划、建设与运营管理、技术开发应用、标准规范制修订、考核评价、合资合作及业务发展政策研究等工作。与中国石油集团储气库有限公司、中国石油天然气集团有限公司储气库评估中心按三块牌子、一个机构运行，总部在北京市。2020年底，储气库分公司设机关职能处室6个，所属机构1个；在册员工66人，其中，本科以上学历占总人数98%，中高级以上职称占总人数86%，涵盖勘探开发、钻井、储运、经营管理等专业。

2020 年，储气库分公司分析研判疫情影响，组织各储气库提前近一个月由采转注，全年各在役储气库（群）实际注气 92.11 亿立方米；辽河雷 61、吉林双坨子 2 座新建库建成投产。本轮采气期比上一轮提前 19 天开始，连续 65 天单日采气量保持在 1 亿立方米以上，比上一采气期多 49 天；单日最大采气量创历史新高、达 1.34 亿立方米，调峰能力比上一采气期最大日采气量增加 2600 万立方米，同比增长 24%；周期采气 108.8 亿立方米，比上一采暖季增长 55.73%。中国石油各储气库连续安全生产 428 天。储气库业务收入 52.93 亿元，利润 9.4 亿元、同比增加 8.44 亿元，注采成本 0.512 元 / 米 ^{3}、同比减少 0.067 元 / 米 ^{3}。储气库分公司组织 14 家油气田单位近 200 人，历时半年完成储气库业务"十四五"建设、科技和 QHSE 发展规划编制。组织起草移交生产运行管理协议和运营服务协议，金坛储气库和刘庄储气库移交国家管网公司。对外开展盐穴储气库合资合作，签订江苏苏盐井神张兴储气库、山东菏泽盐穴储气库《合资框架协议》。

到"十三五"末，中国石油在役储气库（群）10 座，实际工作气量 128.81 亿立方米，占集团天然气销售量的 5.6%，是"十二五"末的 2.5 倍。储气库（群）有注采井 280 口、监测井 102 口、注采站 14 个、压缩机组 78 台套、管线 733 千米，固定资产净值 332 亿元，从业人员 1621 人。形成一批适用于中国储气库业务的技术和标准，有 13 项配套技术和 14 项关键技术，获集团公司科学技术进步奖特等奖 1 项、省部级科学技术进步奖 9 项、十大科技进展 1 项，发明专利 11 件，发布储气库专业标准 33 项，其中行业标准 8 项、中国石油企业标准 25 项。

【企业管理】 2020 年，储气库分公司深入开展"战严冬、转观念、勇担当、上台阶"主题教育活动，推动提质增效各项措施落实落地。体制机制进一步理顺，储气库评估中心挂牌成立，储气库有限公司完成注册，具备做专储气库分公司、做实储气库有限公司的条件和基础。科技创新取得新进展，发布集团公司企业标准 3 项，编制下达 11 项行业标准制修订计划，研究中心完成《盐穴储气库声呐检测技术规范》企业标准修订，评估中心开展呼图壁和相国寺储气库风险诊断评估等 8 项课题研究，并顺利通过检查验收。积极对外开展盐穴储气库技术服务，将市场范围拓展到中国石化和地方盐化企业，锁定合资合作盐穴储气库 3 座。完成 QHSE 管理体系修订和发布工作，梳理责任清单 48 项，修订制度 22 项。制定公司《安全生产专项整治三年行动计划实施方案》，建立健全安全生产责任体系。组织开展专项审核，通过对相国寺等 7 座储气库（群）进行审核，发现问题 212 项，提出建议 31 条，及时督促整改落实，夯实储气库安全平稳运行基础。组织对双 6 储气库出站天气携液问题进行调查，制定气质达标措施 5 项、提高安全运行措施 4 项，确保双 6 储气库正常生产。坚持"一切成本皆可降"，采取压缩公务用车、减少会议和差旅支出、节约办公费用等措施，全年可控管理费用同比下降 10%，机关管理费用压减 30%，"五项"费用压减 50%，全面完成成本压降目标。

【企业党建工作】 2020 年，储气库分公司全年组织中心组（扩大）学习 34 期，组织全员参加党史、新中国史、改革开放史、社会主义发展史等学习培训，干部员工的"四个意识"更加牢固、"四个自信"更加坚定、"两个维护"更加坚决。第一时间成立疫情防控应对工作小组，及时贯彻落实国家和集团公司疫情防控各项要求，严格落实防控措施，严格出京管控，确保员工和家属"零疫情、零感染"。狠抓党风廉政建设和反腐败工作，健全完善"三不腐"体制机制，开展"三查三看一追责"活动，强化政治监督。抓好巡视整改，针对巡视反馈问题细化整改措施 79 项，针对督导检查提出的 8 个问题研究制定整改措施 24 项，全部完成整改。狠抓宣传思想文化建设，践行"信任、理解、支持、执行"的理念和"担当实干、合规高效、开放合作、共赢共享"的储气库文化；弘扬工匠精神，提倡"第一次就把事情做对"，连续举办"储气库讲堂"12 期，打造储气库自主培训品牌。开展合理化建议征集活动，2 条合理化建议和 1 个班组创新创效项目被评为集团公司优秀成果；积极做好扶贫帮困工作，超额完成消费扶贫指标，完成率 200% 以上；首次举办青年员工科研成果发布会，9 名青年交流论文和专利成果。积极做好正面宣传和舆论引导，配合中央电视台对储气库复工复产进行跟踪报道，在《红旗文稿》上发表理论文章《压实国有企业党建的责任》，在集团公司《企业动态》《值班信息》上刊发稿件 5 篇，启动公司微信公众号，利用新媒体语言传递储气库声音、讲好储气库故事。

（王晓明）

附　录

附表 1　中国石油天然气股份有限公司及其附属公司勘探与生产运营情况

项　目	单　位	2020 年	2019 年	同比增减（%）
原油产量	百万桶	921.8	909.3	1.4
其中，国内	百万桶	743.8	739.7	0.6
海外	百万桶	178.0	169.6	4.9
可销售天然气产量	十亿立方英尺	4221.0	3908.0	8.0
其中，国内	十亿立方英尺	3993.8	3633.0	9.9
海外	十亿立方英尺	227.2	275.0	（17.4）
油气当量产量	百万桶	1625.5	1560.8	4.1
其中，国内	百万桶	1409.7	1345.4	4.8
海外	百万桶	215.8	215.4	0.2
原油证实储量	百万桶	5206	7253	（28.2）
天然气证实储量	十亿立方英尺	76437	76236	0.3
证实已开发原油储量	百万桶	4654	5474	（15.0）
证实已开发天然气储量	十亿立方英尺	42077	39870	5.5

注：原油按 1 吨 =7.389 桶，天然气按 1 立方米 =35.315 立方英尺换算。

附表 2　中国石油天然气股份有限公司已评估证实储量和证实开发储量

项　目	原油及凝析油 （百万桶）	天然气 （十亿立方英尺）	合　计 （油当量百万桶）
证实开发和未开发储量			
本集团			
基准日 2018 年 12 月 31 日的储量	7640.8	76467.0	20385.3
对以前估计值的修正	（49.7）	（765.6）	（177.1）
扩边和新发现	480.6	4442.6	1221.0
提高采收率	90.9	—	90.9
当年产量	（909.3）	（3908.0）	（1560.8）
基准日 2019 年 12 月 31 日的储量	7253.3	76236.0	19959.3

项　目	原油及凝析油 （百万桶）	天然气 （十亿立方英尺）	合　计 （油当量百万桶）
对以前估计值的修正	（1553.1）	（595.3）	（1652.2）
扩边和新发现	385.2	4976.1	1214.6
提高采收率	107.7	—	107.7
购入	15.0	106.9	32.8
卖出	（80.2）	（65.6）	（91.1）
当年产量	（921.8）	（4221.0）	（1625.5）
基准日 2020 年 12 月 31 日的储量	5206.1	76437.1	17945.6
证实开发储量			
基准日为 2018 年 12 月 31 日	5843.1	40128.2	12531.1
其中，国内	5203.4	38433.2	11609.0
海外	639.7	1695.0	922.1
基准日为 2019 年 12 月 31 日	5473.8	39869.6	12118.7
其中，国内	4840.0	38376.3	11236.0
海外	633.8	1493.3	882.7
基准日为 2020 年 12 月 31 日	4653.6	42076.7	11666.4
其中，国内	3987.0	40732.3	10775.8
海外	666.6	1344.4	890.6
证实未开发储量			
基准日为 2018 年 12 月 31 日	1797.7	36338.8	7854.2
其中，国内	1626.4	36046.9	7634.2
海外	171.3	291.9	220.0
基准日为 2019 年 12 月 31 日	1779.5	36366.4	7840.6
其中，国内	1659.8	36156.8	7686.0
海外	119.7	209.6	154.6
基准日为 2020 年 12 月 31 日	552.5	34360.4	6279.2
其中，国内	387.9	34062.0	6064.9
海外	164.6	298.4	214.3
按权益法核算的投资 应占联营公司及合营公司证实 已开发及未开发储量			
2018 年 12 月 31 日	321.4	429.4	392.9
2019 年 12 月 31 日	287.1	393.6	352.7
2020 年 12 月 31 日	195.5	362.7	256.0

注：2020 年原油及凝析油储量中含 NGL 88.2 百万桶。

附表 3 1998—2020 年中国石油国内新增探明石油、天然气地质储量

时　间	国内新增探明石油地质储量 （万吨）	国内新增探明天然气地质储量 （亿立方米）
1998 年	48538	2229
1999 年	37318	918
2000 年	42389	4118
2001 年	45683	4071
2002 年	42760	3000
2003 年	43903	3838
2004 年	52107	2008
2005 年	56151	3583
2006 年	61510	3654
2007 年	82940	4453
2008 年	62385	4168
2009 年	57356	4616
2010 年	57538	4678
2011 年	69650	4092
2012 年	71100	4503
2013 年	67013	4923
2014 年	69947	4827
2015 年	72816	5702
2016 年	64928	5419
2017 年	64211	4027
2018 年	63316	5846
2019 年	83660	12399
2020 年	87253	6483

附表 4 1998—2020 年中国石油二维地震、三维地震采集情况

时　间	二维地震（千米）			三维地震（平方千米）		
	总　计	国　内	海　外	总　计	国　内	海　外
1998 年	—	58095	—	—	7778	—
1999 年	—	58759	—	—	6987	—

时　间	二维地震（千米）			三维地震（平方千米）		
	总　计	国　内	海　外	总　计	国　内	海　外
2000 年	—	45353	—	—	7999	—
2001 年	35630	28261	7369	11218	9244	1974
2002 年	45022	34550	10472	15337	11024	96980
2003 年	52693	39703	13805	20245	11576	8669
2004 年	61968	36668	25300	33210	12752	20458
2005 年	89113	50949	38164	25650	12426	13224
2006 年	90152	45399	44753	40079	14590	25489
2007 年	101401	45740	55661	51792	23940	27852
2008 年	114548	45535	69013	58648	15834	42814
2009 年	74392	31897	42495	53525	15838	38142
2010 年	81130	32953	48171	54338	15671	38667
2011 年	93306	36400	56100	37618	15618	22000
2012 年	96700	41400	55300	57700	17900	39700
2013 年	114364	40274	74090	64491	17542	46949
2014 年	103645	42798	60847	63990	14485	49505
2015 年	132714	22521	110193	47219	10722	36497
2016 年	162684	35919	126765	58120	10844	47276
2017 年	154904	30644	124260	57182	10313	46869
2018 年	105700	21900	83800	76800	17500	59300
2019 年	14167	11478	2689	17385	15204	2181
2020 年	18000	8400	9600	85400	22400	63000

附表 5　1998—2020 年中国石油国内完成探井及进尺情况

时　间	完成探井（口）	进尺（万米）	时　间	完成探井（口）	进尺（万米）
1998 年	650	160.7	2005 年	799	218.4
1999 年	625	149.3	2006 年	774	216.7
2000 年	706	161.8	2007 年	1693	435.4
2001 年	663	167.2	2008 年	1719	452
2002 年	685	157.7	2009 年	1901	487.5
2003 年	548	145.8	2010 年	1640	463.2
2004 年	642	181.0	2011 年	1795	484

续表

时　间	完成探井（口）	进尺（万米）	时　间	完成探井（口）	进尺（万米）
2012 年	1918	497	2017 年	1774	502.5
2013 年	1746	485.8	2018 年	1803	522.1
2014 年	1584	441.8	2019 年	1405	447.8
2015 年	1588	441.8	2020 年	1658	509.4
2016 年	1651	467.2			

附表 6　1998—2020 年中国石油钻（完）井数量及进尺

时　间	钻（完）井数量（口）			进尺（万米）		
	总　计	国　内	海　外	总　计	国　内	海　外
1998 年	—	8334	—	—	1261.6	—
1999 年	—	7304	—	—	1113.7	—
2000 年	6322	6374	48	1052.9	1037.4	15.5
2001 年	6666	6492	174	1167.5	1132.0	35.5
2002 年	6677	6531	146	1194.5	1155.2	39.3
2003 年	8510	8182	328	1509.6	1437.2	72.3
2004 年	9328	8873	455	1664.8	1571.9	92.9
2005 年	11202	10577	625	1972.2	1844.7	127.5
2006 年	11401	10577	824	2331.9	2161.7	170.1
2007 年	12790	11609	1181	2613.7	2422.7	191.0
2008 年	15161	14125	1036	2828.4	2060.0	226.4
2009 年	12900	11570	1330	2479.0	2206.6	272.4
2010 年	13043	11919	1124	2519.8	2297.1	222.7
2011 年	13706	—	—	2598.3	2338.9	259.4
2012 年	13753	—	—	2719.5	2429.6	289.9
2013 年	13378	12035	1343	2750.0	2432.0	318.0
2014 年	12286	10970	1316	2492.0	2198.0	294.0
2015 年	9387	8389	998	2089.0	1838.0	251.0
2016 年	9328	8686	642	1950.0	1796.0	154.0
2017 年	11687	10807	880	2579.0	2355.0	224.0
2018 年	11264	10274	990	2571.0	2330.0	241.0
2019 年	11571	10493	1078	2745.0	2498.0	247.0
2020 年	9350	8686	664	2103.0	1956.0	147.0

注：2011 年和 2012 年国内、海外钻（完）井数据缺失。

附表7 1998—2020年中国石油原油、天然气产量

时 间	国 内		海 外			
	原油（万吨）	天然气（亿立方米）	原油（万吨）		天然气（亿立方米）	
			作业产量	权益产量（份额）	作业产量	权益产量（份额）
1998 年	10738.0	149.7	—	—	—	—
1999 年	10706.7	162.6	592.0	327.0	6.4	4.0
2000 年	10605.4	183.1	1352.9	686.7	7.4	4.8
2001 年	10655.6	205.8	1623.0	828.7	9.3	5.8
2002 年	10746.4	225.3	2118.1	1012.8	12.6	7.7
2003 年	10954.4	248.8	2520.4	1293.1	19.2	13.9
2004 年	11176.1	286.6	3011.7	1642.3	35.5	25.9
2005 年	10595.4	366.7	3583.5	2003.3	40.2	29.1
2006 年	10663.6	442.1	5460.4	2807.6	57.6	38.0
2007 年	10772.2	542.5	6018.7	2997.8	53.6	35.1
2008 年	10825.2	617.5	6220.7	3050.3	67.4	46.6
2009 年	10313.0	683.0	6962.4	3432.2	82.0	55.1
2010 年	10541.0	825.3	7581.6	3602.9	137.0	103.8
2011 年	10754.0	756.2	8938.2	4173.2	170.6	125.7
2012 年	11033.0	798.6	8978.0	4154.6	182.0	136.6
2013 年	11260.0	888.4	10586.4	4721.1	217.0	150.5
2014 年	11367.0	954.6	10762.4	5050.0	249.1	184.5
2015 年	11142.0	954.8	11550.4	5514.7	285.6	211.9
2016 年	10545.0	981.1	12151.4	5752.8	311.3	231.9
2017 年	10253.7	1032.7	13618.3	6880.1	333.3	254.5
2018 年	10101.7	1093.7	14463.0	7535.0	348.0	287.0
2019 年	10176.9	1188.0	15218.0	7925.8	377.0	315.1
2020 年	10225.3	1306.0	14807.0	7638.9	359.0	297.5